과학공화국
수학법정

7
여러 가지 부등식

과학공화국 수학법정 7
여러 가지 부등식

ⓒ 정완상, 2007

초판 1쇄 발행일 | 2007년 9월 25일
초판 18쇄 발행일 | 2023년 8월 8일

지은이 | 정완상
펴낸이 | 정은영

펴낸곳 | (주)자음과모음
출판등록 | 2001년 11월 28일 제2001-000259호
주소 | 10881 경기도 파주시 회동길 325-20
전화 | 편집부 (02)324-2347 경영지원부 (02)325-6047
팩스 | 편집부 (02)324-2348 경영지원부 (02)2648-1311
e-mail | jamoteen@jamobook.com

ISBN 978-89-544-1481-4 (04410)

과학공화국
수학법정

7

여러 가지 부등식

정완상(국립 경상대학교 교수) 지음

|주|자음과모음

생활 속에서 배우는 기상천외한 수학 수업

수학과 법정, 이 두 가지는 전혀 어울리지 않은 소재들입니다. 그리고 여러분들이 제일 어렵게 느끼는 말들이기도 하지요. 그럼에도 이 책의 제목에는 분명 '수학법정'이라는 말이 들어 있습니다. 그렇다고 이 책의 내용이 아주 어려울 거라고 생각하지는 마세요. 저는 법률과는 무관한 기초과학을 공부하는 사람입니다. 그런데도 '법정'이라고 제목을 붙인 데는 이유가 있습니다.

또한 독자들은 왜 물리학 교수가 수학과 관련된 책을 쓰는지 궁금해 할지도 모릅니다. 하지만 저는 대학과 KAIST 시절 동안 과외를 통해 수학을 가르쳤습니다. 그러면서 어린이들이 수학의 기본 개념을 잘 이해하지 못해 수학에 대한 자신감을 잃었다는 것을 알았습니다. 그리고 또 중·고등학교에서 수학을 잘하려면 초등학교 때부터 수학의 기초가 잡혀 있어야 한다는 것을 알아냈습니다. 이 책은 주 대상이 초등학생입니다. 그리고 많은 내용을 초등학교 과정에서 발췌했습니다.

그럼 왜 수학 얘기를 하는데 법정이라는 말을 썼을까요? 그것은 최근에 〈솔로몬의 선택〉을 비롯한 많은 텔레비전 프로에서 재미있는 사건을 소개하면서 우리들에게 법률에 대한 지식을 쉽게 알려 주기 때문입니다.

그래서 수학의 개념을 딱딱하지 않게 어린이들에게 소개하고자 법정을 통한 재판 과정을 도입하였습니다.

여러분은 이 책을 재미있게 읽으면서 생활 속에서 수학을 쉽게 적용할 수 있을 것입니다. 그러니까 이 책은 수학을 왜 공부해야 하는가를 알려 준다고 볼 수 있지요.

수학은 가장 논리적인 학문입니다. 그러므로 수학법정의 재판 과정을 통해 여러분은 수학의 논리와 수학의 정확성을 알게 될 것입니다. 이 책을 통해 어렵다고만 생각했던 수학이 쉽고 재미있다는 걸 느낄 수 있길 바랍니다.

이 책을 내도록 용기와 격려를 아끼지 않은 자음과모음의 강병철 사장님과, 빡빡한 일정에도 불구하고 좋은 시리즈를 만들기 위해 함께 노력해 준 자음과모음의 모든 식구들, 그리고 함께 진주에서 작업을 도와준 과학 창작 동아리 'SCICOM'의 식구들에게 감사를 드립니다.

진주에서

정완상

목차

제2장 일차 부등식의 활용에 관한 사건 87

매쓰 변호사

수학법정의 탄생

과학공화국이라고 부르는 나라가 있었다. 이 나라에는 과학을 좋아하는 사람들이 모여 살았다. 인근에는 음악을 사랑하는 사람들이 살고 있는 뮤지오 왕국과 미술을 사랑하는 사람들이 사는 아티오 왕국, 공업을 장려하는 공업공화국 등 여러 나라가 있었다.

과학공화국에 사는 사람들은 다른 나라 사람들에 비해 과학을 좋아했다. 어떤 사람들은 물리를 좋아했고, 또 어떤 사람들은 수학을 좋아했다. 특히 다른 모든 과학 중에서 논리적으로 정확하게 설명해야 하는 수학의 경우, 과학공화국의 명성에 맞지 않게 국민들의 수준은 그리 높은 편이 아니었다. 그리하여 공업공화국의 아이들과 과학공화국의 아이들이 수학 시험을 치르면 오히려 공업공화국 아이들의 점수가 더 높을 정도였다.

특히 최근 공화국 전체에 인터넷이 급속히 퍼지면서 게임에 중독된 과학공화국 아이들의 수학 실력은 기준 이하로 떨어졌다. 그러다

보니 자연 수학 과외나 학원이 성행하게 되었고, 그런 와중에 아이들에게 엉터리 수학을 가르치는 무자격 교사들이 우후죽순으로 나타나기 시작했다.

일상생활을 하다 보면 수학과 관련한 여러 가지 문제에 부딪히게 되는데, 과학공화국 국민들의 수학에 대한 이해가 떨어져 곳곳에서 수학적인 문제로 분쟁이 끊이지 않았다. 그리하여 과학공화국의 박과학 대통령은 장관들과 이 문제를 논의하기 위해 회의를 열었다.

"최근 들어 잦아진 수학 분쟁을 어떻게 처리하면 좋겠소?"

대통령이 힘없이 말을 꺼냈다.

"헌법에 수학적인 조항을 좀 추가하면 어떨까요?"

법무부 장관이 자신 있게 말했다.

"좀 약하지 않을까?"

대통령이 못마땅한 듯이 대답했다.

"그럼, 수학적인 문제만을 대상으로 판결을 내리는 새로운 법정을 만들면 어떨까요?"

수학부 장관이 말했다.

"바로 그거야. 과학공화국답게 그런 법정이 있어야지. 그래! 수학법정을 만들면 되는 거야. 그리고 그 법정에서 다룬 판례들을 신문에 게재하면 사람들은 더 이상 다투지 않고 시시비비를 가릴 수 있게 되겠지."

대통령은 환하게 웃으며 흡족해했다.

"그럼 국회에서 새로운 수학법을 만들어야 하지 않습니까?"

법무부 장관이 약간 불만족스러운 듯한 표정으로 말했다.

"수학은 가장 논리적인 학문입니다. 누가 풀든지 같은 문제에 대해서는 같은 정답이 나오는 것이 수학입니다. 그러므로 수학법정에서는 새로운 법을 만들 필요가 없습니다. 혹시 새로운 수학이 나온다면 모를까……."

수학부 장관이 법무부 장관의 말에 반박했다.

"그래, 나도 수학을 좋아하지만 어떤 방법으로 풀든 답은 같았어."

대통령은 곧 수학법정 건립을 확정 지었다. 이렇게 해서 과학공화국에는 수학과 관련된 문제를 판결하는 수학법정이 만들어지게 되었다.

초대 수학법정의 판사는 수학에 대해 많은 연구를 하고 책도 많이 쓴 수학짱 박사가 맡게 되었다. 그리고 두 명의 변호사를 선발했는데, 한 사람은 수학과를 졸업했지만 수학에 대해 그리 잘 알지 못하는 수치라는 이름을 가진 40대 남성이었고, 다른 한 명의 변호사는 어릴 때부터 수학경시대회에서 대상을 놓치지 않았던 수학 천재 매쓰였다.

이렇게 해서 과학공화국 사람들 사이에서 벌어지는 수학과 관련된 많은 사건들은 수학법정의 판결을 통해 깨끗하게 해결될 수 있었다.

부등식의 정의에 관한 사건

놀이 기구와 키 제한

130cm보다 커야 탈 수 있는 바이킹에
130cm인 아이가 탈 수 있을까요?

사건속으로

왕짠돌 씨는 마을에서 소문난 자린고비다. 지금은
부자라고 말할 수 있지만, 그가 돈을 모으기 위해
온갖 일을 닥치는 대로 했다는 것은 웬만한 사람이
라면 다 안다. 폐지 모으기, 빈병 모아서 팔기, 고물 가져다가 재활
용하기 등의 작은 일에서부터 시체 닦기까지, 세상의 힘들고 고된
일은 다 해 봤을 것이다. 그렇게 힘들게 모은 돈이라 그런지 몰라도
그는 유난히 돈을 아꼈다. 그나마 집은 경매로 나온 으리으리한 걸
로 장만했지만, 그의 집에는 차 한 대도 없었고, 제대로 된 가구조
차 없었다. 통장에는 돈이 넘쳐나는데 당최 쓰지를 않았다.

"아빠, 우리 놀러 가요!"

그의 아들 왕소비는 오늘도 아빠에게 떼를 썼다. 소비는 올해 초등학교 3학년인 남자 아이다. 다른 친구들은 주말이면 가족들과 놀이동산이며 박물관 등에 가느라 정신이 없는데, 소비네는 언제나 집 아니면 집 앞 강변이 전부였다. 이번 어린이날에는 꼭 다른 친구들처럼 놀러 가고야 말겠다고 소비는 다짐했다.

"아빠!"

아까부터 아들의 말을 듣고 있던 짠돌 씨는 모른 체하며 이불을 뒤집어썼다. 보다 못한 엄마 나복녀 씨가 아들을 달랬다.

"소비야, 아빠 오늘 피곤하셔서 쉬셔야 해. 엄마랑 놀자, 응?"

"싫어! 친구들은 어린이날이라고 선물도 받고, 가족들이랑 놀러도 간다는데…… 나는 이게 뭐야. 으앙!"

소비의 울음이 시작되었다. 한 번 울기 시작하면 적어도 두 시간은 울어야 겨우 멈추었다.

'딩동 딩동.'

"누구세요?"

복녀 씨는 현관으로 가서 문을 열었다. 이웃집 수진 엄마였다.

"소비 엄마, 오늘 어디 안 가?"

"뭐, 그냥……."

"그럼 우리랑 같이 놀이동산 갈래? 소비랑 자기랑, 음…… 남편도 계시면 같이 가고!"

"우리 남편 안 갈 거야."

"하긴, 자기 남편 자린고비라 돈 들까 봐 안 가겠다. 호호호!"

그때 짠돌 씨가 열린 문틈으로 옆집 수진 엄마의 이야기를 들었다.

'뭐? 내가 자린고비라고? 쳇!'

짠돌 씨는 이불을 걷고 일어나 거실로 나왔다.

"여보! 소비야! 우리도 놀이동산 가자!"

신이 난 소비는 소파에서 펄쩍펄쩍 뛰었다. 복녀 씨는 처음으로 놀러 가자는 남편의 말에 눈이 휘둥그레졌다.

"여보, 정말이에요? 놀이동산은 요금도 비싸고, 음식도 비쌀 텐데……."

그때 수진 엄마가 끼어들었다.

"어머! 잘됐다. 어서 같이 가요. 우리가 차 가져가니까 같이 타면 되겠다. 호호호!"

얼떨결에 수진네와 소비네는 함께 놀이동산에 가게 되었다. 입장권을 끊는 짠돌 씨의 손이 부들부들 떨렸다. 눈치를 보던 복녀 씨가 나지막한 목소리로 말했다.

"여보, 그냥 갈까?"

"됐어, 이 사람아! 당신도 내가 짠돌이라고 생각하는 거야?"

"아, 아니."

"그럼 가만있어! 여기 자유 이용권 세 장 주세요."

"자유 이용권? 여보, 자유 이용권은 3달란이나 해요. 세 장이면 9

달란! 내 것은 사지 말아요."

"어허, 괜찮다니까! 괜히 사람 좀스럽게 만들고 있어. 그냥 오늘
여기 있는 놀이 기구 원 없이 타라고!"

뒤에 줄 서 있던 수진 엄마가 짠돌 씨를 보며 비꼬듯 말했다.

"어머 짠돌 씨! 이제 보니 자린고비 아니시네. 통이 아주 크시네
요. 호호호!"

"자린고비라뇨? 내가 무슨, 으흠!"

수진 아빠가 아내를 툭 치며 속삭였다.

"당신 그만해!"

"알았어요. 재밌잖아요. 호호호!"

소비네와 수진네는 자유 이용권을 손목에 두르고 입장했다. 그런
데 사람이 너무 많아, 두 가족은 따로 움직이기로 하였다. 소비는
처음 보는 놀이동산의 광경에 넋이 나간 듯했다.

"아빠, 나 저거 탈래요!"

"저게 뭐야?"

"여보! 저건 바이킹이에요. 난 무서워서 안 탈래요."

복녀 씨가 벤치에 가서 앉았다. 그런데 짠돌 씨는 그런 복녀 씨의
팔을 붙들고 바이킹을 타기 위해 기다리는 줄에 섰다.

"여보, 왜 이래요?"

"자유 이용권 아깝게 왜 안 타고 난리야? 그냥 타!"

"싫어요. 나 이거 못 타요!"

"타라니까! 아니면 자유 이용권 환불해 오든가!"

아니나 다를까, 짠돌 씨의 성격이 나오기 시작했다. 정말 저 기세라면 놀이동산이 문을 닫을 때까지 모든 놀이 기구를 탈 것 같았다.

"아빠, 너무 좋아요. 헤헤헤!"

소비는 마냥 신이 났다. 짠돌 씨도 그런 아들을 보니 돈이 아깝다는 생각이 조금씩 사라졌다. 그런데 그때 줄 서 있는 곳에 세워져 있는 표지판이 눈에 들어왔다.

이 놀이 기구는 안전을 위해 신장을 제한하고 있습니다. 130cm보다 큰 사람만 탈 수 있으며, 어린이의 경우 보호자와 함께 탑승하십시오.

글을 읽은 후 짠돌 씨는 소비를 쳐다보았다. 그리고 복녀 씨에게 물었다.

"여보, 우리 소비 키가 몇이지?"

"한 130cm 정도 될 거야. 며칠 전에 학교에서 신체검사한다고 키 쟀거든. 딱 130cm였어."

"그럼 됐네."

바이킹은 다른 놀이 기구에 비해 타려는 사람이 유난히 많았다. 세 식구는 장장 두 시간이 넘게 줄을 서서 드디어 차례가 되었다. 직원은 표를 일일이 검사하면서 작아 보이는 아이들의 키를 재고 있었다.

"잠깐만요!"

직원이 소비를 막아섰다.

"이 아이 키가 딱 130cm네요."

"네, 그런데요?"

"이 어린이는 바이킹을 탈 수 없습니다."

아니, 이게 무슨 말도 안 되는 소리? 짠돌 씨는 얼굴이 벌겋게 달아올라 두 팔을 걷어붙이고 큰 소리로 말했다.

"이봐요! 이 놀이 기구를 타려고 두 시간을 서서 기다렸어요. 그리고 저 표지판에도 130cm보다 큰 사람은 탈 수 있다고 했잖아요! 왜 우리 아들이 안 된다는 겁니까?"

직원은 손님의 갑작스러운 호통에 당황했으나 최대한 마음을 진정시키고 차분히 말했다.

"손님, 죄송합니다만, 표지판을 읽어 보셨다면 잘 아시겠네요. 이 아이는 키가 130cm라서 저희 놀이 기구에는 탑승할 수 없습니다."

"무슨 소리야? 됐어! 우리는 이거 탈 거야. 돈이 얼만데! 소비야, 여보, 얼른 탑시다."

짠돌 씨는 그야말로 막무가내였다. 그러자 다른 직원들이 달려와 세 식구를 놀이 기구에서 멀리 떨어뜨려 놓았다.

"손님, 이러시면 곤란합니다. 규정을 지키셔야죠. 이러다가 큰 사고라도 나면 어떡합니까?"

화가 잔뜩 난 짠돌 씨는 소리를 버럭 질렀다.

"자유 이용권은 비싸게 팔고, 표지판엔 버젓이 타도 된다고 써 있는데도 손님을 안 태우다니! 당신네 놀이동산, 내가 수학법정에 고소하겠어. 쳇!"

짠돌 씨는 표지판에 쓰여 있는 글을 옮겨 적은 뒤, 다음 날 수학법정으로 향했다. 그리고 놀이동산과 바이킹 직원을 고소하였다.

과학공화국
수학법정 7

'130cm보다 큰 키'를 부등호로 나타내면 '키>130cm'가
됩니다. 따라서 130cm의 키는 해당되지 않습니다.

여기는 **수학법정**

130cm보다 커야 한다면
130cm는 포함될까요?
수학법정에서 알아봅시다.

재판을 시작하겠습니다. 요즘 어린이들이 좋아하는 놀이동산에서 무슨 문제가 발생했나요? 어린이는 왜 웁니까? 일단 법정은 정숙해야 하니 달래 주세요. 원고 측 변론하십시오.

놀이동산은 어린이들을 위한 즐거운 공간이 되어야 합니다. 그런데 지금 원고 측 왕소비 어린이는 너무 울어서 눈이 퉁퉁 부었습니다. 아이에게 행복을 주고, 환상의 공간이 되어야 하는 놀이동산에서 직원이 아이를 이렇게 슬프게 만들어야겠습니까?

수치 변호사, 본론을 말씀해 주십시오.

네, 알겠습니다. 원고 측 가족은 놀이동산에서 바이킹을 타려고 했습니다. 바이킹 앞에는 키가 130cm를 넘어야 탈 수 있다는 표지판이 세워져 있습니다. 그런데 원고 측 가족이 바이킹을 타려고 할 때 직원이, 왕소비 어린이는 바이킹을 타지 못한다며 막았습니다.

키가 130cm가 안 되나 보군요.

아닙니다. 왕소비 어린이의 키는 며칠 전에 한 신체검사에서

130cm였습니다. 그래서 바이킹을 타는 데 아무런 문제가 없습니다. 어린이에게 상처를 주고, 하루 종일 눈물을 흘리게 만든 직원은 어린이에게 정신적 피해 보상을 해야 할 것입니다.

놀이동산 직원은 원고 측 어린이의 키가 기준치에 닿았음에도 불구하고 바이킹을 타지 못하게 한 이유가 있습니까? 피고 측 변론하십시오.

표지판의 숫자는 130cm가 맞습니다. 그러나 원고 측은 정확하게 본 것이 아닙니다. 자세히 보면 키가 130cm보다 커야 한다고 되어 있습니다. 이 말은 130cm는 바이킹을 타지 못한다는 뜻입니다.

어떻게 그런 판단이 나오나요?

130cm와 130cm보다 커야 한다는 것의 차이는 무엇이며, 어떤 규칙이나 약속이 숨어 있는지, 어떻게 해석해야 하는지를 설명하기 위해 기호센터의 나더커 부등호 팀장님을 증인으로 모셨습니다.

증인 요청을 받아들이겠습니다. 증인은 앞으로 나와 주세요.

1미터가 넘어 보이는 T모양 자를 어깨에 두르고 긴 바바리코트를 입은 50대 남성은 마른 몸으로 무거운 자를 메고 나오느라 끙끙거렸다.

🗣 표지판의 내용을 어떻게 해석해야 합니까?

🗣 정확하게 읽어 보자면 키가 130cm보다 커야 입장이 가능하다는 내용입니다. 어떤 값보다 크다는 것은 실제로 그 값은 해당되지 않습니다. 그것을 기호로 나타내면 $>$, $<$, $\geq$, $\leq$ 등으로 나타낼 수 있는데 이러한 기호를 부등호라고 합니다.

🗣 부등호가 무엇인가요?

🗣 부등호란 대소 관계 및 순서를 나타내는 기호로, 복잡하고 긴 내용을 간단한 기호로 압축시켜 사용한다고 볼 수 있습니다. 기호 $>$는 왼쪽의 값이 오른쪽보다 크다는 뜻이고, $<$는 그 반대입니다. 또한 기호 $\geq$는 왼쪽 값이 오른쪽 값보다 크거나 같다는 뜻이고, $\leq$는 그 반대의 뜻이지요. 이처럼 $>$, $<$와 같은 기호는 $=$ 기호가 없으므로 본래의 값은 해당되지 않습니다.

🗣 놀이동산 표지판에는 어린이의 키가 130cm보다 커야 한다고 되어 있으므로, 130cm인 왕소비 어린이는 입장이 되지 않는다는 말이군요.

🗣 그렇습니다. 이를 부등호로 나타내면 '키 $>$ 130cm'로 나타낼 수 있습니다. 이처럼 기호를 사용하면 긴 설명을 간단하게 표시할 수 있기 때문에 편리하게 사용됩니다.

🗣 놀이동산은 어린이들이나 놀이 기구를 즐기러 온 사람들이

즐거운 시간을 보내는 장소이기도 하지만, 그보다 중요한 것은 안전입니다. 따라서 놀이동산 내의 표지판이나 직원들의 안내에 따라 놀이 기구를 즐기는 것은 아주 중요합니다. 규칙이 지켜지지 않을 때는 사고에 노출되어 있다는 사실을 명심하고 반드시 지키도록 해야 합니다. 원고 측 어린이의 키는 130cm보다

> 극장에 가면 19세 미만은 볼 수 없는 영화가 있다. 그렇다면 이 영화를 볼 수 있는 가장 어린 나이는?
>
> ---
>
> 미만은 그 수를 포함하지 않는다. 즉 19세 미만이란 19세보다 어린 사람들을 말하므로 18세는 볼 수 없다. 따라서 영화를 볼 수 있는 사람 중 가장 나이가 어린 경우는 19세이다.

크지 않으므로 바이킹을 타지 않는 것이 옳습니다. 혹시 일어날지 모르는 안전사고에 대비하여 조금 더 커서 놀이동산을 찾았을 때 바이킹을 타는 것이 좋겠습니다. 따라서 정확히 130cm 키의 어린이를 바이킹에 타지 못하게 한 직원에게는, 오히려 안전을 위해 최선을 다했기 때문에 상을 주어야 할 것 같습니다. 하하하!

놀이동산의 키 제한은 안전을 위한 것이 맞습니다. 따라서 놀이동산에 놀러 온 사람들이 꼭 지켜야겠지요. 키가 130cm보다 커야 한다는 것은 130cm인 사람은 입장이 되지 않는 것이 맞는다고 판단되므로, 원고 측 어린이는 바이킹을 타지 않는게 좋겠습니다. 따라서 직원에게는 아무 잘못이 없으며, 앞으로도 규칙이나 직원들의 안내에 따라 행동하여 안전하게 놀이기구를 즐기도록 해야 할 것입니다.

재판이 끝난 후, 왕짠돌 씨는 아쉬웠지만 아직 왕소비의 키가 130cm밖에 되지 않기 때문에 어쩔 수 없이 바이킹 타는 것을 포기했다. 그 대신 가족 모두가 탈 수 있는 회전목마는 열두 번도 넘게 탔다.

키가 크면 모델료를
더 준다고 했잖아요?

165.4cm와 164.5cm를 각각 반올림하면
같은 키가 될 수 있을까요?

사건속으로

럭셔리 모델 회사에서는 새로운 모델들을 공개 오
디션을 통해 모집하기로 했다.

저희 럭셔리 모델에서는 신입 모델을 모집하고 있습니다. 나이 제한 없
이 얼굴, 몸매에 자신 있는 분은 럭셔리 모델 오디션에 참가 바랍니다.

며칠간의 홍보가 끝나자 대학생뿐만 아니라 중·고등학생을 비
롯하여 수많은 사람이 이른 아침부터 오디션을 보기 위해 몰려들었
다. 럭셔리 모델의 실장인 왕예뻐 씨는 도도한 포즈로 심사위원 석

에 앉았다.

"밖에 사람이 아주 많은 것 같던데…… 나 바쁜 사람이에요. 오래 걸리는 거 아니죠?"

왕예뻐 씨는 현재 활동하는 톱 모델이었다.

"물론이죠. 우리 예뻐 씨 힘들게 하겠습니까? 허허허, 걱정하지 마시고 이 주스나 한 잔 드세요."

"예뻐 씨는 날이 갈수록 아름다워지십니다. 무슨 비결이라도…… 흐흐흐!"

주변 사람들은 그녀의 비위를 맞추느라 정신이 없었다. 그녀의 변덕이 워낙 죽 끓듯 하여 종잡을 수 없기 때문이었다.

"어머, 오디션장이 조금 더운 거 같지 않으세요? 저 땀날 것 같은데……."

"땀이오? 안 되죠! 우리 예뻐 씨 메이크업 지워지면 어떡합니까! 김 비서, 당장 에어컨 빵빵하게 틀어 놓으세요! 어서, 빨리, 후딱!"

그녀가 톱 모델이기도 했지만, 럭셔리 모델 회장의 딸이라는 이유가 더 컸다. 하지만 그녀의 심사는 정말 꽝이었다. 그녀는 지금까지 예쁘고 늘씬한 모델들을 죄다 떨어뜨렸다. 자신보다 예쁘고 매력적이면 성격이 안 좋아 보인다는 이유로 탈락시켰고, 누가 봐도 뚱뚱한 여자들은 보기 좋다며 합격시켰다.

"빨리 1번부터 들어오라고 하세요."

"네, 1번 들어오세요."

1번 지원자의 얼굴은 그야말로 인형같이 예뻤다. 몸매 역시 환상적인 S라인을 자랑하고 있었다.

"안녕하세요, 저는 1번 유리예요. 나이는 20세고요. 현재 한국대학교 1학년에 재학 중입니다."

하지만 앞의 상황은 불 보듯 뻔한 것이었다. 예뻐 씨는 날카로운 눈빛으로 유리 양을 바라보았다. 자신보다 얼굴도 예쁘고 몸매도 늘씬하고, 게다가 학벌에 나이까지 빠질 것이 없었다.

"이봐요, 노래해 봐요!"

"엥? 예뻐 씨, 모델 오디션에서 웬 노래를…… 그리고 당장 내일 필요한 모델이라서 이왕이면 바로 무대에 올릴 정도의 미모나 몸매를 지닌 1번 유리 양 같은 사람을 뽑는 것이 좋지 않을까요?"

"가만있어요, 유 팀장님! 많이 크셨네요."

"아, 아닙니다. 유리 양, 어서 노래해 보세요. 짧게. 하하하!"

당황한 유리는 덜덜 떨며 열심히 노래를 불렀다. 역시나 하늘은 공평한지 뭐든 완벽해 보이는 그녀도 노래 실력은 형편없었다.

"호호호, 노래를 그따위로 해서 어쩌자는 겁니까? 탈락이에요. 호호호!"

"하지만 모델이 노래를 잘해야 한다는 조건은…….""

"지금 감히 나한테 대드는 거야? 어서 나가요!"

유리는 울면서 오디션장을 나갔다. 그제야 왕예뻐 씨의 표정이 밝아졌다. 나머지 심사위원들은 서로 눈치만 보며 차마 말할 수 없는 불만들을 삼키기 위해 애먼 물만 마셔 댔다.

"자, 다음!"

2번은 풍만한 몸매와 동글동글한 얼굴을 가진 고등학생이었다.

"안녕하세요, 2번 이방순이에요."

심사위원들은 하나같이 고개를 절레절레 흔들었다. 하지만 단 한 사람, 환한 표정의 예뻐 씨는 갑자기 손뼉을 쳤다.

짝짝짝.

"어머나, 훌륭해요! 어쩜 이렇게 귀여울 수가…… 너무너무 귀엽다. 호호!"

그녀의 가식적인 행동과 말투에 심사위원들은 입이 쩍 벌어졌다.

"동글동글한 게 정말 맘에 들어요. 호호호! 그리고 오디션을 보겠다는 그 용기와 자신감! 굿이에요. 호호호!"

"저기, 왕 실장님."

"강 팀장, 맘에 들죠?"

강렬한 그녀의 눈빛에 강 팀장도 꼬리를 내리고 말았다.

"그럼요! 아주 좋은데요. 살이야, 저희 럭셔리 모델에서 늘씬하게 만들면 되고, 얼굴은 몇 군데 손보면 되는 거고…… 하하하!"

"그래요! 노력해서 안 되는 게 어디 있어요. 처음부터 완벽한 모델은 없지요. 호호호, 물론 저처럼 태어날 때부터 완벽한 모델도 있기는 하지만…… 호호호!"

어처구니없게도 오디션이 끝나고 20명의 모델이 뽑혔으나, 패션

모델다운 면모를 갖춘 사람은 한 명도 없었다.

"자, 다들 수고했어요. 그럼 전 이만, 광고 촬영이 있어서…….
안녕!"

왕예뻐 씨는 무책임하게 엉터리 모델들을 뽑아 놓고는 가 버렸
다. 직원들은 오디션에 합격한 모델들을 보며 한숨만 내쉬었다. 패
션모델을 뽑는다고 하고는 키가 170cm가 넘는 모델은 하나도 없
었다. 게다가 몸무게도 가장 적게 나가는 사람이 60kg 정도여서 마
치 비만 클럽 회원들 같았다.

"휴우! 도대체 우리더러 어떻게 모델을 만들라는 건지…….'

따르릉.

유 팀장은 넋을 놓고 있다가 벨 소리에 정신을 차리고 전화를 받
았다.

"여보세요."

"나 예뻐예요."

"네, 왕 실장님!"

"아까 그 모델들 말이에요. 내가 깜박했는데, 수당을 키에 따라
주도록 하세요. 키는 소수 첫째 자리에서 반올림하면 되겠네요. 호
호호, 그럼 이만!"

"저기, 왕 실장님!"

뚜우우우…….

정말 어이가 없었다. 수당을 키로 계산하라니…… 하지만 그렇

다고 왕 실장의 의견을 무시할 수도 없는 노릇이었다. 그랬다가는 또 얼마나 큰 난리가 날지 불을 보듯 뻔했기 때문이다.

"저기, 모델 여러분! 다들 한 줄로 서 주세요. 구두는 벗고 맨발로 서 주세요."

뽑힌 모델들은 의아해하며 유 팀장이 시키는 대로 줄을 섰다. 그러자 유 팀장이 주머니에서 줄자를 꺼냈다.

"지금부터 정확한 키를 재도록 하겠습니다. 당장 내일부터 여러분은 모델 일을 하실 건데요. 키가 일당에 큰 영향을 미칠 수 있으니 다들 등을 펴고 바로 서 주세요."

모두 하나같이 등을 곧게 편 채 목을 쭉 빼고 섰다. 한 명씩 꼼꼼히 키를 재고 난 후에 본격적인 워킹 연습에 들어갔다. 그리고 다음 날 부족한 듯한 모델 20명이 무대에 올라갔다. 세 명씩이나 무대에서 넘어져 망신을 당했고, 쇼도 하마터면 엉망이 될 뻔했다.

"모델들이 하나같이 왜 그 모양이야!"

럭셔리 모델 회사의 회장은 팀장들을 불러 모아 소리쳤다.

"도대체 공개 오디션에 수백 명이 왔다고 하던데, 그중에서 20명 뽑은 게 고작 저 정도야? 당장 일당 줘서 내보내고 다시 뽑아!"

"그, 그게…… 왕예뻐 실장님께서……."

유 팀장은 고개를 푹 숙이고 기어 들어가는 목소리로 말했다. 그때 요란한 구두 소리를 내며 걸어 들어온 왕 실장이 버럭 소리를 질렀다.

"뭐라고요? 내가 뭘 어째요? 유 팀장님, 저는 분명히 모델들을 엄격한 심사 기준으로 뽑으려고 했는데 다른 심사위원들이 저런 덜떨어진 모델들만 뽑았다고요. 아빠, 절 못 믿으시는 거예요? 흑흑!"

예뻐 씨의 연기는 정말 훌륭했다. 그러자 회장은 더욱 화를 냈다.

"우리 딸, 울지 마라! 아무튼 다들 제대로 일하란 말이야. 쳇!"

자리에서 일어난 회장은 문이 부서져라 쾅 닫고는 나가 버렸다. 순간 눈물을 뚝 그친 왕예뻐 씨가 앙칼진 목소리로 말했다.

"이봐요! 다들 일 좀 제대로 하세요. 그럼 전 이만 바빠서…….참! 그리고 어제 제가 말한 대로 수당 주시는 거 알죠?"

유 팀장은 정말 지칠 대로 지쳤다. 어깨를 축 늘어뜨리고 모델들이 모여 있는 대기실로 가서 스무 개의 급여 봉투를 꺼냈다.

"오늘 정말 수고하셨습니다. 수당을 나눠 드리겠습니다. 수당은 저번에 쟀던 키에 따라 지급됩니다."

"네?"

"말도 안 돼요!"

모델들은 심하게 반발했다. 하기는 키에 따라 수당을 준다는 것은 정말 장난 같은 일이었다.

"하지만 저희 회사의 방침이라 어쩔 수 없습니다. 키는 소수 첫째 자리에서 반올림하겠습니다."

유 팀장은 모델들에게 봉투를 나눠 주었다. 그런데 그때 이방순 씨가 자리에서 벌떡 일어나 화를 내며 말했다.

"저기요, 전 165.4cm인데 왜 주니랑 수당이 같은 거죠? 주니는 164.5cm잖아요!"

"그럴 리가…… 주니 씨 키가 몇이었더라?"

유 팀장이 수첩을 뒤적거리며 말했다.

"주니 씨는 164.5cm니까 반올림하면 방순 씨랑 같네요. 그래서 수당이 같은 거죠!"

"말도 안 돼! 거의 1cm가 차이 나는데…… 이건 불공평해요. 당장 수학법정에 고소하겠어요. 흥!"

방순 씨는 쿵쿵거리며 대기실을 나갔다. 그리고 수학법정으로 달려가 럭셔리 모델 회사를 고소하였다.

반올림이란 5보다 작은 1, 2, 3, 4까지의 숫자는 버리고,
50이상의 값 5, 6, 7, 8, 9는 앞자리로
올려주는 것을 말합니다.

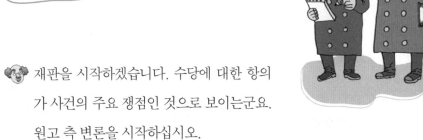

반올림은 어떻게 해야 하는 걸까요?
수학법정에서 알아봅시다.

여기는 **수학법정**

재판을 시작하겠습니다. 수당에 대한 항의
가 사건의 주요 쟁점인 것으로 보이는군요.
원고 측 변론을 시작하십시오.

원고가 활동하고 있는 모델 회사에서는 키에 따라 수당을 지
급한다고 합니다. 그런데 키가 다른 두 사람에게 같은 수당이
지급될 수 있습니까? 원고는 동료 모델과 비교했을 때 거의
1cm나 차이가 나지만 같은 수당을 받았습니다. 회사 측에서
는 정확한 기준을 제시하고, 수당을 다시 계산하여 원고에게
지급할 것을 요구합니다.

키 차이가 있는데도 같은 수당을 받았다면 문제가 있는 것으
로 생각되는데요. 혹시 수당을 지급하는 기준에 따라 나누다
보면 같은 수당을 받게 될 수 있는 건 아닙니까?

키는 아주 조금이라도 큰 차이가 느껴집니다. 솔직히 159cm
와 160cm는 듣기에도 차이가 느껴지지 않습니까? 원고는 거
의 1cm 정도나 큰 키를 가지고도 작은 사람과 같은 수당을 받
는 것에 대해 부당함을 감추지 못하고 있습니다. 이렇게 부당
하게 지급할 거였으면 처음부터 키에 따라 수당을 지급한다는

말을 하지 말았어야 했습니다.

원고 측 의견, 잘 들었습니다. 피고 측의 변론을 들어보도록 하겠습니다. 수당이 어떻게 지급되었는지 말씀해 주십시오.

물론 수당은 키에 따라 지급되었습니다. 하지만 원고 측에서 한 가지 기준을 간과하셨네요. 회사 측에서는 소수 첫째 자리의 숫자는 반올림한다고 했습니다. 반올림을 하면 값에 차이가 날 수 있습니다.

반올림이란 어떻게 계산되는 것을 말합니까?

반올림이란 5보다 작은 1, 2, 3, 4까지의 숫자는 버리고, 5 이상의 값 5, 6, 7, 8, 9는 앞자리로 올려 주는 것을 말합니다. 어느 위치의 숫자를 반올림하는가에 따라서도 값의 차이를 가집니다. 반올림할 자리가 소수점 이상, 혹은 소수점 이하 첫째 혹은 둘째 자리가 될 수도 있는데, 모델 회사에서는 소수 첫째 자리에서 반올림한다는 기준을 세우고 있습니다.

이방순 씨와 방순 씨의 동료 주니 씨도 반올림에 의해 수당을 지급받은 것이겠지요?

물론입니다. 모델 회사는 이방순 씨와 주니 씨의 키를 반올림 규칙에 따라 계산하였고, 이 규칙에 따라 두 사람의 키를 계산해 보겠습니다. 먼저 이방순 씨의 키는 165.4cm입니다. 소수 첫째 자리에서 반올림해야 하므로 소수 첫째 자리 숫자를 살펴보아야 합니다. 이방순 씨의 키에서 소수 첫째 자리 수는 4

이고, 이 값은 5보다 작은 값이므로 버려야 합니다. 따라서 이 방순 씨의 키는 165cm가 됩니다. 한편 동료 모델 주니 씨의 실제 키는 164.5cm입니다. 소수 첫째 자리 숫자 5는 5 이상의 값에 해당하므로 반올림하여 앞자리에 더해 줄 수 있습니다. 따라서 주니 씨의 키는 이방순 씨의 키와 같은 165cm가 되고, 반올림 법칙에 의해 이방순 씨가 억울할 수 있지만 두 사람의 키는 같은 값을 가지게 된 것입니다.

소수 첫째 자리가 아니라 둘째 자리면 값이 달라집니까?

네, 달라집니다. 만약 소수 둘째 자리 값으로 반올림을 했다면 이방순 씨와 주니 씨의 키는 차이가 있었을지도 모르지요. 하지만 모델 회사의 기준은 소수 첫째 자리에서 반올림하는 것이므로 이 결과는 바뀔 수 없습니다. 이방순 씨는 결과를 받아들이고 긍정적으로 생각하는 것이 좋지 않을까 합니다. 반올림한 값이 잘못된 것이 아니므로 수당은 다시 지급할 수 없습니다.

반올림의 효과가 생각보다 크군요. 회사 규칙에 따라 결정된 일이므로, 함께 살아가는 사회에서 규칙을 지켜야 하지 않겠습니까? 이방순 씨는 좋은 쪽으로 생각하십시오. 회사 규칙에 따라 정확히 수당을 지급했다고 판단되므로 이방순 씨에게 수당을 다시 계산해서 지급할 의무는 없습니다. 그럼, 재판을 마치겠습니다.

　재판이 끝난 후, 이방순 씨는 달랑 1mm 때문에 수당이 적어졌다고 생각하고 매일 열심히 운동을 했다. 살을 빼서 날씬해진 방순 씨는 최고의 패션모델이 되었고, 럭셔리 모델 회사에서는 전속 모델로 영입하기 위해 어마어마한 계약금을 지급해야 했다.

반올림은 4가 되면 버리고 5가 되면 올리기 때문에 사사오입(四捨五入)이라고도 한다. 구하는 자리보다 한 자리 아래의 숫자가 5보다 작을 때는 버리고, 5와 같거나 5보다 클 때는 올리는 방법이다. 예를 들어 74,386을 백의 자리에서 반올림하면 74,000이 된다.

부등식에 음수를 곱하면
왜 부등호 방향이 바뀌죠?

왕갑부 씨의 논문 '$x<3$이면 $-x<-3$이 되어야 한다'는
어디가 잘못된 걸까요?

왕갑부 씨는 세계에서 손꼽히는 부자이다. 돈은 평생을 펑펑 쓰고도 남을 정도였지만, 그에게는 명예가 없었다. 단지 돈만 많은 졸부라며 사람들은 그를 비웃었다. 하지만 그도 나름대로 수학자였다. 비록 수학회에서는 그를 인정하지 않았지만, 수학에 대한 관심은 그에게 생활 그 자체였다.

"나는 역시 천재 수학자야. 하하하!"

그는 자신감이 철철 넘치는 사람이었다. 터무니없는 이론들을 펼치면서 스스로는 자신이 큰 업적이라도 남기는 것처럼 자신만만해

했다. 게다가 학회 모임에는 한 번도 빠지지 않고 참석할 정도로 부지런했다.

"안녕하세요?"

"아, 네, 네."

"이번 학회에서 제 논문을 발표할까 하는데요."

"그게, 어…… 왕갑부 씨, 이번 학회의 논문은 아쉽게도 벌써 마감이 되었습니다."

"그래요? 그럼 뭐, 다음에 발표해야겠네요."

"네."

학회 사람들은 그의 논문을 한 번도 받아 준 적이 없었다. 그가 논문을 발표하겠다고 하면 매번 핑계를 대며 이를 막느라 진땀을 빼야 했다. 하지만 갑부 씨는 어찌나 눈치가 없는지, 자신을 피하는 줄은 꿈에도 모르는 것 같았다. 학회의 모임이 끝나고 나서 뒤풀이도 그는 꼬박꼬박 참석하였다.

"왕갑부 씨, 요즘도 연구 중이신가?"

"네, 그렇습니다. 하하하!"

"무슨 논문을 준비하기에 매일같이 그리 바쁘신가?"

"아, 별거 아닙니다."

"그럼 내일 골프나 치러 갈까 하는데…… 자네 골프장 좀 빌릴 수 있으려나?"

"물론이죠! 언제든지 오십시오."

사람들에게는 그의 논문과 연구가 관심의 대상이 아니었다. 단지 그가 갑부라는 사실이 필요했던 것이다.

　"왕 선배님, 제가 가족들이랑 여행을 가려고 하는데 남극에 있는 갑부호텔에 일주일 정도 투숙할 수 있을까요?"

　"물론! 얼마든지 묵을 수 있지. 하하하!"

　갑부 씨는 뭐든지 다 오케이였다. 그런 그를 사람들은 어리석다고 생각하며 이용하려고만 들었다. 왕갑부 씨의 꿈이 하나 있다면 자신의 논문을 학회지에 싣는 것이었다. 하지만 그의 꿈을 사람들은 그저 비웃을 뿐이었다.

　'이번 논문은 반드시 학회지에 실릴 거야. 하하하!'

　그는 부푼 기대를 안고 논문을 써 내려갔다. 드디어 수학회의 모임 날짜가 되었다. 왕갑부 씨는 이번만큼은 논문을 빨리 제출하기 위해 서둘러 달려갔다.

　"오늘 학회에 발표할 논문입니다."

　"성함이?"

　"왕갑부입니다."

　"왕갑부 씨? 아…… 저기…… 오늘 발표자가 너무 많아서…… 다음에 좀 더 일찍 오시겠어요?"

　"네? 벌써요? 정말 빠르다. 헤헤헤!"

　순진한 갑부 씨는 이번에도 자신의 논문을 가슴에 안고, 다른 사람들이 논문 발표하는 것을 구경해야 했다. 마침 그의 옆자리에 학회장인 나비열 씨가 앉았다.

"학회장님, 안녕하세요?"

"음…… 누구시더라?"

"왕갑부입니다."

"아, 안녕하십니까?"

"제가 벌써 몇 년째 논문을 들고 학회를 찾았는데, 매번 순서에 밀려서 발표를 못하고 있습니다. 이번에는 될 줄 알았는데…… 또 안 됐어요."

"그렇습니까? 다음에는 되겠죠."

"그래서 말인데요, 학회장님께서 제 논문을 한 번만 읽어 주십시오. 딱 한 번만 읽어 주시면 됩니다. 제발!"

왕갑부 씨는 축 처진 순박한 눈으로 학회장을 바라보았다. 하필 옆자리에 앉은 나비열 씨는 이제 와 자리를 옮길 수도 없고, 차마 거절할 수도 없었다.

"알았습니다. 주고 가시면 제가 내일쯤 연락을 드리지요."

"네, 감사합니다."

왕갑부 씨는 날아갈 듯 기분이 좋았다. 금방이라도 자신의 논문이 학회지에 실릴 것만 같았다. 신이 난 갑부 씨는 학회에 참석한 수백 명의 사람들에게 맛있는 저녁을 대접했다. 사람들은 영문도 모른 채 고급 음식들을 얻어먹었다. 집에 돌아온 왕갑부 씨는 마음이 설레 잠까지 설치며 날이 밝기만을 기다렸다. 잠깐 잠이 들었다가 눈을 떴다. 커튼 사이로 들어오는 햇살을 보니 날이 밝은 것 같았다.

'드디어 내 논문이 통과되는 날이군. 야호! 잠을 푹 못 잤더니 몸이 찌뿌듯하기는 하지만…… 그래도 기분은 최고다!'

침대에 누워 있던 갑부 씨는 금방이라도 붕 뜰 것 같았다.

따르르릉…….

왠지 학회장의 전화일 것 같다는 생각이 들었다.

"여보세요."

"왕갑부 씨?"

"네, 맞습니다."

"수학회장 나비열입니다."

"네, 학회장님! 제 논문은 읽어 보셨습니까?"

"방금 다 읽어 보았는데요. 그게…… 아주 형편없더군요. 논문 주제부터가…… 다른 논문을 준비하시는 게 좋을 것 같습니다. 사실 솔직한 말로 왕갑부 씨는 수학적인 소질이나 능력, 어느 것 하나 없는 것 같습니다. 이번 논문뿐만 아니라, 앞으로도 갑부 씨의 논문은 절대 저희 학회지에 실을 수 없습니다. 다시는 논문 들고 학회에 오시는 일이 없으셨으면 합니다.. 부탁드립니다. 그럼 이만……."

뚜우우우…….

왕갑부 씨는 이미 끊어진 수화기를 한참 동안 들고 서 있었다. 붕 날던 몸이 높은 하늘에서 뚝 떨어지는 것 같았다.

'말도 안 돼.'

그는 큰 충격을 받은 것 같았다. 그가 처음으로 학회에 모습을 나타내지 않았다. 사람들은 늘 그가 있던 자리가 텅 비어 있자 신경이 쓰였다.

"갑부 씨가 웬일이야? 학회에 결석을 다하고."

"무슨 일이 있나? 학회에 빠질 사람이 아닌데……."

"뭐, 잘됐지! 도움도 안 되는 사람인데…… 사실 말이 나왔으니까 말인데 그 사람 수학적인 실력은 형편없다고…… 매번 말도 안되는 논문을 가져와서는…… 쯧쯧! 이제 정신 차렸나 보네."

"그런가?"

사람들은 그렇게 왕갑부 씨의 존재를 금방 잊어 버렸다. 마스크를 쓰고 사람들 틈에 앉아 있던 착한 갑부 씨도 더 이상은 참을 수 없었다. 그동안 자신의 재산을 아낌없이 내놓으면서도 논문을 학회에 실을 수 있다는 희망에 조금도 아까워하지 않았던 왕갑부 씨에게 학회장의 말은 엄청난 충격이었다. 게다가 돈 때문에 자신과 친구처럼 지냈다는 사람들의 말이 가슴에 비수처럼 꽂혔다.

"좋아. 수학회, '$x<3$이면 $-x<-3$이 되어야 한다'는 훌륭한 나의 논문을 무시하고 나를 희롱한 대가를 치르게 해 주겠어! 내 돈을 그렇게 탐내더니 이번에는 그 돈으로 복수하겠어! 쳇!"

갑부 씨는 그길로 유명 신문사를 돌며 자신의 재산 상당 부분을 신문사에 기부하겠다고 하면서, 논문 '$x<3$이면 $-x<-3$이 되어야

한다'를 받아 주지 않은 수학회를 맹렬히 비난하는 광고문을 신문마다 1면에 기재하기로 했다. 신문사들은 그의 돈 앞에서 어쩔 수 없이 1면을 내주어야 했다. 다음 날, 신문을 본 수학회 회원들은 왕갑부 씨를 수학법정에 명예 훼손으로 고소하기로 했다.

부등식의 양변에 음수를 곱하면
부등호의 방향이 바뀌어야 합니다.

여기는 수학법정

부등식에 음수를 곱하면
어떻게 될까요?
수학법정에서 알아봅시다.

재판을 시작하겠습니다. 우선 피고의 논문
에 이상이 있는지 없는지를 파악해야겠군
요. 먼저 피고 측 변론을 들어보겠습니다.

피고는 그동안 수학회를 위해서 열심히 활동했습니다. 하지만
수학회 회원들은 돈 많은 피고를 이용하기만 하고 피고의 논
문은 항상 찬밥 신세였습니다. 피고는 수학자로서 단 한 번만
이라도 자신의 논문을 학회지에 실어 보는 것이 소원이었지
만, 지금껏 제대로 한 번 읽어 주는 사람이 없었습니다. 이번
사건도 피고의 논문을 무시한 학회 사람들 때문에 빛도 보지
못하고 버려질 뻔한 논문을 신문에 실어 세상에 알린 겁니다.

신문에 논문을 실은 것이 잘못됐다는 게 아니라, 수학회를 비
난하는 글을 신문 1면에 올린 것이 잘못이라는 말이지요.

나름대로 수학자인 피고를 지금껏 무시하고 논문 한 번 봐 주
지 않은 수학회 회원들이 더 잘못 아닐까요? 수학회 회원들이
학회를 위해 노력하고 아낌없이 모든 것을 베푼 피고의 논문
을 한 번이라도 제대로 봐 주었다면 피고는 수학회를 비난하
기는커녕 더욱 최선을 다해 활동했을 것입니다.

피고의 논문 내용은 정말 정확합니까? 피고의 논문이 옳음에도 불구하고 수학회에서 받아 주지 않았다면, 수학회의 잘못이 훨씬 크다는 것이 명백하게 입증되는 거겠지요.

피고의 논문 내용은 '$x < 3$이면 $-x < -3$이 되어야 한다' 입니다. 양변에 음($-$)을 곱해 주면 쉽게 이해할 수 있습니다.

그렇게 쉽게 이해되는데 왜 수학회에선 논문으로 받아들일 수 없다고 하는 거죠? 원고 측 변론을 들어보겠습니다.

부등식은 여러 가지 성질을 가지고 있습니다. 그중에서 원고가 주장하는 논문도 부등식이 가진 성질의 하나에 해당되는데, 잘못된 부분이 있습니다. 원고의 논문에서 '$x < 3$이면 $-x < -3$이 되어야 한다' 는 내용 중 뒤에 있는 $-x < -3$의 부등호가 바뀌어야 합니다.

그 이유가 무엇입니까?

쉬운 예를 들어 설명해 드리겠습니다. 4와 2라는 숫자가 있습니다. 4가 2보다 크기 때문에 부등호로 표현하면 $4 > 2$가 됩니다. 그럼 이번에는 양변에 음($-$)을 곱해 보세요. 어떤 값이 됩니까?

그거야 간단하지요. 4와 2에 음수를 곱하면 -4와 -2가 되는군요.

그렇습니다. 4는 2보다 크지만 음수를 곱한 값 -4는 -2보다 작은 값을 가지므로 $-4 > -2$로 쓰면 틀린 표현이 됩니다.

그러면 부등호가 틀린 것입니까?

부등호를 그대로 두면 당연히 틀린 표현입니다. 따라서 부등호가 바뀌어야 하며, −4 < −2로 표현하는 것이 옳습니다. 부등호의 중요한 성질 중 하나로, 부등식의 양변에 음수를 곱하면 부등호의 방향이 바뀌어야 합니다.

그렇다면 피고 측 논문은 틀렸다고 봐야겠군요.

그렇지요. 누가 봐도 틀린 내용을 논문으로 내놓겠다고 하는 피고에게 매번 설명하는 것도 지친 수학회 회원들은, 이번에도 잘못된 내용을 학회지에 올리려고 하는 피고를 말리게 된 것입니다.

피고가 내놓은 논문 내용은 틀린 것이라고 판단됩니다. 피고는 자신의 욕심만 채우려 하고, 잘못된 내용의 논문을 실어 주지 않는다고 돈을 주고 수학회를 비난하는 광고문을 신문 1면에 실은 잘못도 함께 인정해야 합니다. 이에 대해 수학회 회원들은 명예훼손이라고 주장하고 있습니다. 사태가 더 커지기 전에 자신의 잘못을 인정하고 수학회 회원들에게 진심으로 사과하도록 하십시오.

부등식의 성질

⑴ a>b, b>c이면 a>c

⑵ a>b이면 a+c>b+c, a−c>b−c 부등식 양변에 같은 수를 더하거나 빼도 부등호의 방향은 바뀌지 않는다.

⑶ a>b일 때 c>0이면 ac>bc, $\frac{a}{c} < \frac{b}{c}$. 즉, 양수를 곱하거나 나누어도 부등호의 방향은 바뀌지 않는다.

⑷ a>b일 때 c<0이면 ac<bc, $\frac{a}{c} < \frac{b}{c}$. 즉, 음수를 곱하거나 나누면 부등호의 방향이 바뀐다. 예를 들어 3>2의 양변에 −1을 곱하면 −3<−2 가 된다. 이렇게 음수를 곱하면 부등호의 방향이 바뀐다.

　재판이 끝난 후, 왕갑부 씨는 자신의 논문이 정말 형편없었다는 것을 알고 수학회 회원들에게 진심으로 사과했다. 그러나 그 이후에도 왕갑부 씨는 좌절하지 않고 열심히 수학에 매진했다.

$ax>b$의 해는 $x>\dfrac{b}{a}$ 아닌가요?

수학경시대회 11번 문제를 푼
사이언은 정말 수학 천재일까요?

사건속으로

매쓰는 '수학 천재' 라 불리는 화국초등학교 4학년
학생이다. 매쓰의 아버지 매틱스는 그런 아들이 자
랑스러웠다. 그러던 어느 날 매쓰가 수학경시대회
에 나가게 되었다. 수학경시대회에 나가면 항상 일등을 했기 때문
에 이번 경시대회 역시 의심하지 않았다.

"매쓰 아빠, 하하하!"

"사이언 아빠 아니세요? 반갑습니다. 오랜만이네요."

"그러게 말입니다. 지난번 과학경시대회 때 보고 처음이니까 두
달이 넘었네요."

"네, 그렇네요."

사실 사이언 아빠를 만난 것이 매틱스에게는 그리 반가운 일이 아니었다. 지난번 과학경시대회에서 매쓰는 보기 좋게 예선에서 떨어졌으나, 사이언은 최우수상을 받았기 때문이다. 그 후로 매틱스는 거드름 피우는 사이언 아빠가 마음에 안 들어 피해 다녔다.

"이번에 매쓰가 수학경시대회에 나간다고 들었는데…… 하긴 매쓰가 수학 하나는 잘하죠? 하하하!"

"그렇죠, 우리 매쓰가 수학 천재 아닙니까? 허허허!"

"그래서 우리 아들 사이언도 이번 수학경시대회에 참가하기로 했습니다. 이번에도 선의의 경쟁이 되겠네요. 하하하!"

"네? 사이언이 수학경시대회에 나간다고요?"

"우리 애가 과학만 잘하는 줄 알았는데 수학도 좀 하더라고요. 하하하, 그래서 이번에 나가 보기로 했습니다. 괜히 지난번 매쓰처럼 망신만 당하는 건 아닌지 걱정은 좀 됩니다."

"뭐라고요?"

"하하, 농담입니다. 농담 좀 한 걸 가지고 발끈하시기는…… 그럼 경시대회에서 뵙죠. 하하하!"

매틱스는 능글맞은 사이언 아빠의 말에 자존심이 상했다. 집에 돌아와 보니 아들 매쓰는 경시대회 준비를 하느라 열심히 공부하고 있었다. 매틱스는 그제야 마음이 놓였다.

"여보, 언제 들어왔어요? 왜 매쓰 방은 훔쳐보고 있어요?"

"어? 방금. 으흠!"

사실상 매쓰 아빠와 사이언 아빠 간의 대결만은 아니었다. 매쓰와 사이언은 유치원 때부터 수학 천재, 과학 천재로 동네에서 유명한 영재들이었다. 둘은 친구이기도 했지만, 항상 비교를 당했기 때문에 어쩔 수 없는 라이벌이 되고 말았다. 둘은 우연히도 초등학교 1학년 때부터 죽 같은 반이었다. 매쓰는 등교하자마자 자리에 앉아 수학 문제집을 폈다. 반면 사이언은 오자마자 군것질 거리를 꺼내어 우걱우걱 먹기 시작했다.

"사이언, 너도 수학경시대회에 나간다며?"

"음, 왜?"

"근데 공부는 안 해? 아침부터 먹기만 하고."

"신경 끄셔! 왜, 내가 일등할까 봐 겁나냐?"

"쳇!"

매쓰가 노력파라면 사이언은 늘 노는 것 같으면서도 성적은 좋은, 그야말로 천재적인 머리의 소유자였다. 사이언은 햄버거와 과자를 먹더니 이번에는 엎드려서 쿨쿨 잠을 자기 시작했다.

'저 녀석은 밤을 새는 건가? 매일 놀고먹는 것 같은데…… 어떻게 성적이 좋지? 정말 미스터리야.'

며칠 뒤 드디어 수학경시대회가 열렸다. 아빠들은 아들들을 데리고 대회가 열리는 곳으로 갔다. 매쓰네와 사이언네가 대회장 앞에서 마주쳤다.

"매쓰야, 오늘은 떨지 말고 잘하렴. 지난번 과학경시대회 때처럼 망신당하지 않게. 하하하, 이 아저씨가 응원해 줄게!"

사이언 아빠는 응원인지 저주인지 모를 말을 퍼부었다. 이에 질세라 매틱스가 침착한 어투로 말했다.

"사이언, 오늘따라 더 통통해 보이는구나! 어쩜 그리도 토실토실하니? 아기 돼지처럼…… 뭐, 하긴 인물이 안 되면 공부라도 잘해야지. 허허허!"

두 아빠의 신경전은 불꽃이 튈 정도였다. 매쓰와 사이언은 아빠들을 뒤로하고 대회장 안으로 들어갔다. 각 학교에서 수학으로 이름을 날리는 아이들이 모두 모여 있었다. 그중에서도 매쓰는 단연 유명한 아이였다.

"네가 매쓰니? 안녕! 난 신디라고 해. 호호호, 만나서 반가워. 매년 수학경시대회에서 우승하는 애가 너 맞지? 이번에도 너 때문에 또 떨어지는 건 아닌지 걱정이야. 앞으로 친하게 지내자!"

신디는 분홍 원피스를 입고 양 갈래로 예쁘게 머리를 땋은 여자 아이였다. 쌍꺼풀이 진하게 진 눈이 초롱초롱 빛났다. 웃는 모습은 정말 천사가 따로 없었다. 매쓰는 멍하니 신디의 얼굴을 바라보았다.

"매쓰야!"

신디가 매쓰를 여러 번 불렀다.

"어, 어?"

"어디 아파? 아무튼 오늘 시험도 최선을 다해 보자!"

"그래, 근데 넌 어느 학교 다녀?"

"난 럭셔리초등학교."

"아, 그래? 다음에 만나서 피자 먹으러 가자."

"좋아."

"하하하, 매쓰! 경시대회에 와서 연애질이나 하고. 오늘 우승도 글렀네. 하하하!"

사이언은 비꼬듯이 말하고는 신디와 매쓰 사이를 툭 치며 지나갔다. 매쓰는 어떻게 해서든지 오늘은 꼭 우승을 하겠다고 다짐했다. 우승을 해서 지난번 과학경시대회의 치욕을 갚고 싶었고, 예쁜 신디에게도 멋진 남자 친구가 되고 싶었다.

"자! 학생 여러분은 자신의 수험표에 맞는 번호를 찾아서 앉아 주세요. 5분 뒤 수학경시대회가 시작되겠습니다."

매쓰와 사이언은 우연히도 옆자리에 앉게 되었다.

"매쓰, 아까 그 여자애 무지 예쁘더라? 나도 마음에 드는데. 우리 오늘 우승하는 사람이 그 애랑 피자 먹기로 하자. 어때?"

"쳇! 신디는 나랑 놀기로 했어!"

"무슨 소리! 아까 나도 신디랑 인사하고 악수도 했다고. 우리 아빠 친구 분 딸이거든. 하하하!"

"좋아! 이번 시험에서 이기는 사람이 신디랑 놀기야! 나중에 딴 말하기 없기다."

매쓰와 사이언은 승부욕에 불탔다. 드디어 시험지가 나누어졌다.

두 사람은 고개도 들지 않고 정신없이 문제를 풀어 나가기 시작
했다.

'앗!'

그런데 매쓰는 어느 순간 너무나도 당황했다. 한 문제가 풀리지
않았기 때문이다. 시간이 빠듯하여 그 문제를 남겨 두고 다른 문제
를 먼저 풀었다. 그리고 하나 남은 문제를 가지고 실랑이를 벌이고
있었다. 곁눈질을 해 보니 사이언은 여유로운 게, 문제를 거의 다
푼 듯했다.

'안 돼, 신디…… 내 자존심…….'

매쓰는 왈칵 눈물이 쏟아질 것 같았다. 하지만 이내 마음을 가다
듬고 문제에 집중하였다.

딩동댕동…….

"자, 여러분, 시험 시간이 종료되었습니다. 시험지를 모두 제출해
주십시오."

결국 매쓰는 한 문제를 손도 대지 못하고 시험지를 제출하였다.
밖에서 기다리던 매틱스는 풀이 죽은 모습으로 나오는 매쓰를 보자
심장이 내려앉는 것 같았다. 하지만 실망한 아들을 위로하였다.

"매쓰야, 문제가 어려웠니?"

"한 문제를 못 풀었어요. 흑흑흑!"

매쓰는 꾹 참았던 눈물을 흘렸다. 반면 사이언은 멍한 표정으로
걸어 나왔다.

"사이언, 어때? 문제 괜찮았어?"

"뭐, 풀긴 다 풀었어요. 한 문제가 헷갈리기는 했는데……."

"장하다~, 우리 아들! 분명히 100점일 거야! 하하하, 아빠가 피자 사 줄게 먹으러 가자!"

매쓰는 문제를 다 풀었다는 사이언의 말에 더욱 크게 울었다.

"엉엉!"

"매쓰야, 그만 울어! 우리 아들이 못 푼 문제는 아마 다른 애들도 못 풀었을 거야. 응? 뚝 그쳐!"

매틱스는 아이를 달래며 집으로 돌아왔다. 그리고 다음 날, 떨리는 마음으로 어린이 신문을 보았다.

수학경시대회 11번 정답률 0%.

매틱스는 눈이 번쩍 뜨였다. 그는 서둘러 매쓰의 방으로 갔다.

"매쓰야, 이것 보렴! 네가 못 풀었다는 문제를 한 명도 풀지 못했다는구나! 하하하, 그럼 우리 아들이 또 우승인 거야. 하하하!"

매쓰는 밤새 울었는지 퉁퉁 부은 눈을 힘겹게 뜨며 웃었다.

"정말요? 우아! 하하하!"

그런데 그때 전화벨이 울렸다.

'따르릉…….'

"여보세요?"

"나 사이언 아빠입니다. 매쓰 아빠?"

"네, 신문 보셨나요? 우리 아들이 또…….'"

"하하하, 인터넷 정정 기사를 못 보셨군요. 이번 수학경시대회에서 우리 사이언이 유일한 우승자입니다. 하하하!"

"네?"

"11번 문제를 유일하게 풀어 낸 수학 천재 사이언! 인터넷 한번 찾아보세요. 하하, 그럼 이만!"

매틱스는 허겁지겁 컴퓨터를 켰다. 인터넷 어린이 신문에는 정정 기사가 올라와 있었다.

어제 열린 수학경시대회 11번 문제 $ax>b$의 답을 $x>\dfrac{b}{a}$도 인정! 사이언 학생 유일한 우승자!

"말도 안 돼!"

매틱스는 아들이 또 실망할까 봐 걱정이 앞섰다. 그런데 그때 매쓰가 아빠 뒤에서 모니터를 보고 있었다.

"으악! 엉엉!"

매쓰는 더욱 서럽게 울었다. 그러자 화가 난 매틱스는 수학법정으로 달려갔다. 그리고 수학경시대회의 주최 측을 고소하였다.

"말도 안 돼! $ax>b$의 답이 $x>\dfrac{b}{a}$라니…… 이건 주최 측의 농간이야!"

'$ax>b$'의 해를 구하는 문제에서는 'a, b 값이 음수, 양수 혹은 0'이라는 조건이 제시되어야 합니다.

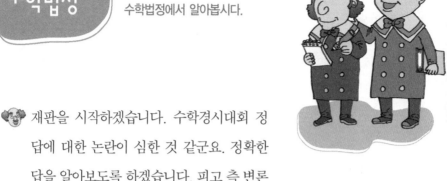

여기는 수학법정

$ax > b$의 해는 $x > \frac{b}{a}$가 아닌가요?

수학법정에서 알아봅시다.

재판을 시작하겠습니다. 수학경시대회 정답에 대한 논란이 심한 것 같군요. 정확한 답을 알아보도록 하겠습니다. 피고 측 변론을 시작하십시오.

수학 시험의 꽃이라고 할 수 있는 수학경시대회 문제의 답이 틀릴 리가 없습니다. 사이언 학생이 공부를 잘하는 것에 대해 매쓰 학생의 아버지 매틱스 씨가 열등감을 느낀 것은 아닐까요?

수치 변호사의 말은, 수학경시대회 답을 무조건 믿으라는 겁니까?

무조건이 아니라 수학경시대회는 학력 높은 분들이 답안을 작성하기 때문에 충분히 믿을 만한 것이라는 거죠. 수학경시대회의 문제는 $ax > b$일 때 x값은 양변을 a로 나누어 주면 됩니다. 따라서 $x > \frac{b}{a}$입니다. 매틱스 씨의 주장이 틀린 게 분명합니다.

그동안 수치 변호사를 무시해 왔는데 수치 변호사도 수학을 꽤 하는 것 같습니다. 제가 수치 변호사에 대해 너무 모르고 있었군요.

이런…… 아닙니다. 판사님께서 잘 보셨습니다. 수학경시대회 문제를 출제한 주최 측에 물어보고 말씀드린 겁니다. 민망하군요. 하하하!

아이쿠! 그럼 그렇지. 아무튼 수치 변호사의 변론도 그럴듯한 것 같습니다. 이번엔 원고 측 변론을 들어 보겠습니다.

수학경시대회 11번 문제는 간단하게 답이 나올 수 있는 문제가 아닙니다. 여러 가지 경우를 생각해 봐야 하는 문제지요. 조건에 따라 답이 달라질 수 있습니다.

그럼 답이 여러 가지라는 말인가요?

그렇다고 볼 수 있습니다. 이 문제를 시원하게 풀어 줄 증인을 요청하겠습니다. 증인은 부등식 연구 개발원으로 근무하고 계시는 만능인 박사님이십니다.

증인은 앞으로 나오십시오.

뿔테 안경을 쓴 40대 후반의 남성은 뭔가를 곰곰이 생각하는 얼굴로 증인석에서 말할 내용을 정리하며 아무 말 없이 증인석에 앉았다.

수학경시대회 11번 문제의 답으로 $x > \dfrac{b}{a}$이 나왔는데, 맞습니까?

안타깝게도 경시대회 측에서 제시한 답을 정답으로 인정할 수 없습니다. 11번 문제의 답은 a 값의 조건에 따라 달라질 수 있습니다.

a 값의 조건에 따라 여러 가지 답이 나올 수 있다고요? a는 어떤 값으로 나눌 수 있습니까?

모두 세 가지 경우로 나누어질 수 있습니다. 첫 번째, $a=0$이고 b가 음수일 때 $ax>b$ 값은 $0>$(음수)가 되고, 이 값은 항상 성립합니다. 두 번째, $a=0$이고 $b \geqq 0$일 때 $ax>b$는 불가능한 부등식이 됩니다. 세 번째, a가 음수일 때이며, 이 경우에는 $ax>b$ 값은 양변을 a로 나누고 부등호가 바뀌어 $x<\dfrac{b}{a}$가 됩니다.

그럼 $x>\dfrac{b}{a}$는 답으로 인정할 수 없군요.

그렇지는 않습니다. 만약 문제에서 a 값이 양수라는 조건이 있으면 정답으로 인정됩니다.

그렇다면 문제를 제출할 때 a, b 값이 음수, 양수, 혹은 0인지의 여부를 제시한다면 좀 더 구체적인 문제가 될 수 있겠군요.

그렇습니다. 이번 경시대회 문제에서는 조건을 제시하지 않았으므로 주최 측에서 제시한 답이 옳다고 볼 수 없습니다.

사이언 학생은 본인의 답이 정답이라고 생각했을 텐데 이런 결과를 듣게 되어 마음이 편하지 않겠군요. 하지만 증인도 주최 측에서 제시한 답을 인정할 수 없다고 하니, 사이언 학생을 수학경시대회 우승자라고 볼 수 없습니다.

 사이언 학생은 크게 실망하겠지만 증인의 증언을 바탕으로 판단한 결과, 사이언 학생의 답을 정답으로 인정할 수가 없군요. 경시대회 11번 문제의 답은 a의 조건에 따라 여러 가지 경우의 답이 나올 수 있다고 판단됩니다. 따라서 만점 학생이 없으며, 한 문제씩 틀린 학생들이 공동 1등이라고 봐야겠군요. 다음 경시대회 때는 주최 측에서 좀 더 철저히 준비하여 시험 문제 출제에 있어 실수가 없도록 각별히 주의해야겠습니다.

재판이 끝난 후, 사이언이 유일한 1등은 아니지만 그래도 진 것이 아니므로 다행이라 생각했다. 약속대로 공동 1등을 했기 때문에 사이언과 매쓰는 신디와 함께 셋이서 피자를 먹으러 갔고, 매쓰에게 마음이 있었던 신디의 미소에 매쓰는 내내 즐거운 표정을 지었다.

음수

음수는 0보다 작은 수를 말하며 부호 (−)를 사용하여 −1, −2, −3과 같이 나타낸다. −1은 0보다 1 작은 수를, −2는 −1보다 1 작은 수를 나타낸다.

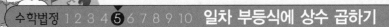

부등식 양변에
0을 곱하면 어떻게 되죠?

학원 차가 가는 길의 개수와
순열 공식과는 어떤 연관성이 있을까요?

궁그미는 공화초등학교 5학년 전교 부회장이다. 그
미는 공부도 잘하고 얼굴도 예뻐서 남자 아이들에
게 인기가 많았다. 하지만 성격만큼은 오만 도도함
그 자체였다. 물론 그것까지도 매력이라며 궁그미 팬클럽을 만든
학생도 있었다. 아침에도 학교에 가기 위해 집을 나서면 몇몇 남학
생들이 같이 등교하기 위해 기다리곤 했다. 그때마다 그미의 태도
는 언제나 똑같았다.

"뭐야? 정말 귀찮아. 다들 따라오지 말고 100m 이상 떨어져 똑
바로 줄서서 걸어와!"

커다란 두 눈을 반짝거리며 조금은 날카로운 눈빛으로 말해도 남학생들은 그미의 말을 어찌나 잘 듣는지, 100m 뒤에 줄을 서서 따라왔다. 수업 시간에도 그미의 옆자리에 앉고 싶어 하는 남학생들은 지정 좌석제임에도 불구하고 서로 앉겠다고 난리였다.

"자, 다들 조용히! 지난번 전국 어린이 수학경시대회에서 우리 반 그미 양이 최우수상을 받게 되었어요. 호호호! 그미야, 앞으로 나오너라."

"와!"

그미는 도도한 자세로 일어나 앞으로 걸어나왔다. 반 아이들은 부러운 시선으로 그미를 바라보았다. 남학생들의 환호성은 연예인을 향한 방청객들보다도 적극적이었다. 담임선생님 역시 공부도 잘하고 선생님들께 예의 바른 그미를 특별히 예뻐하셨다.

"그미야, 축하한다. 어쩜 그미는 예쁘고, 성격도 좋고, 공부도 잘하니? 호호호!"

"아니에요. 너무 과찬이세요."

그미는 선생님들 앞에서는 순한 양이 되었다. 그야말로 조금은 이중적인 성격을 가지고 있었다. 하지만 예쁜 여자 선생님들에게는 틱틱거리기 일쑤였다. 어느 날 그미는 생전 안 하던 지각을 하게 되었다.

"맙소사! 오늘은 운동장 조회가 있는 날인데. 큰일 났네."

허겁지겁 달려가던 그미는 정문에서 무언가에 세게 부딪혀 넘어지고 말았다.

"앗! 누구야?"

소리를 버럭 지르며 고개를 들어 보니, 천사처럼 아름다운 여자의 모습이 보였다.

"어머, 괜찮니?"

"잘 보고 다니셔야죠. 하마터면 큰일 날 뻔했잖아요! 안 그래도 지각인데…… 쳇!"

그미는 언제나 그랬듯이 버럭 화를 내며 정문으로 들어갔다. 운동장 조회가 막 시작되고 있었다. 담임선생님의 눈치를 보며 몰래 반 아이들 속으로 들어갔다.

"그미야, 언제 왔니? 한참 찾았는데."

"아까부터 여기 있었는데요?"

연기력인지 뻔뻔함인지는 모르겠으나 그것은 그미의 몸에 늘 배어 있는 모습이었다. 교장 선생님의 지루한 훈화 말씀이 이어지자 아이들은 몸을 비비 꼬기 시작했다.

"자, 그럼 오늘은 이만 하고 새로 부임한 선생님들을 소개하겠어요. 먼저 국어를 맡으신 분은……."

첫 번째로 소개한 분은 곱슬머리에 흰머리가 희끗희끗 보이는 나이 든 국어 선생님이셨다. 학생들은 의례적인 박수를 쳤다.

"다음은 수학 선생님이세요. 우리 학교가 첫 부임지인 분이네요. 왕선녀 선생님! 미모가 아주 훌륭하십니다. 하하하!"

그미는 딴 짓을 하다가 아이들의 환호성에 놀라 앞쪽을 바라보았다.

"앗! 저 여자는 아까 나랑 부딪혔던……."

"안녕하세요? 저는 왕선녀라고 합니다. 공화초등학교에 처음으로 부임한 만큼 많이 설레기도 하고 걱정도 되는데요. 여러분들과 행복한 학교생활을 하고 싶습니다. 잘 부탁해요."

예쁜 얼굴에 목소리도 차분하여 그야말로 흠 잡을 곳이라고는 전혀 없었다. 그래도 그미는 어떻게든 꼬투리를 잡기 위해 수학 선생님을 이리저리 살펴보았다.

'다리는…… 예쁘네…… 머리 스타일도…… 긴 생머리! 예쁘다. 흑흑!'

남학생들의 넋 나간 표정을 보자 그미는 질투심이 불타오르기 시작했다. 운동장 조회가 끝나고 각자 반으로 들어가 수업을 시작했다. 공교롭게도 수학 선생님의 첫 수업은 그미네 반이었다. 아이들의 환호 소리는 아까 운동장에서보다도 더 흥분되고 높았다.

"우아! 정말 예쁘다. 이영애, 전지현보다 더 예뻐!"

"완전 연예인이야!"

그미는 등교할 때 부딪힌 순간부터 수학 선생님과의 악연이 시작되었다고 생각했다.

"여러분! 다들 조용히 하세요. 그럼, 수업을 시작하도록 하겠어요. 반장!"

그미는 괜히 못 들은 체하며 책을 훑어보았다.

"반장, 없나?"

그미의 짝인 방순이가 그미의 팔을 툭 치며 눈짓으로 어서 일어나라고 재촉했다. 그제야 마지못해 책을 쾅 덮으며 일어섰다.

"차렷! 경례!"

그미의 구령 소리는 간결하고 힘이 없었다. 수학 선생님이 그미를 보며 말했다.

"어머! 네가 반장이었구나. 아까 아침에 선생님 봤었지? 무릎은 괜찮아? 피 나는 것 같던데."

"괜찮아요!"

"반장이 참 예쁘다, 아역 탤런트 같아. 호호호!"

그미는 예쁘다는 말에 기분이 조금 풀리는 것 같았다. 그런데 자칭 그미의 팬클럽 회장이었던 동수가 손을 번쩍 들며 말했다.

"선녀 선생님이 그미보다 훨씬 예뻐요!"

"오우!"

교실이 소란스러워졌다. 수학 선생님의 얼굴도 약간 붉어졌다. 그미의 얼굴은 붉어지다 못해 거의 울상이 되었다.

"동수야, 고마워. 호호호!"

수학 선생님은 아이들을 진정시킨 후 수업을 시작했다.

"오늘 선생님이랑 배울 부분은 '부등식'이에요. 선생님이 칠판에 쓰면 여러분은 책에 또박또박 옮겨 적으세요."

선녀 선생님은 판서 솜씨도 뛰어났다.

부등식에 음수가 아닌 수를 곱하면 부등호의 방향은 바뀌지 않아요. 즉 c가 음수가 아니면 $a>b$일 때, $a \times c > b \times c$ 가 되지요.

"선생님, 칠판 글씨도 너무 예뻐요!"

아이들은 그야말로 수학 선생님에게 푹 빠져 있었다. 그미는 점점 기분이 나빠졌다. 자신에게 돌아올 관심을 수학 선생님이 몽땅 빼앗아 간 것만 같았다. 칠판에 적혀 있는 글을 옮겨 적으면서도 내용은 눈에 들어오지 않았다.

'쳇! 정말 맘에 안 들어! 동수 저 녀석도 진짜 웃기네. 나 좋다고 난리 칠 때는 언제고, 이제는 저 노땅 선생님한테 딱 붙어 가지고…… 쳇! 다 필요 없어. 공부나 해야지.'

그미는 필기한 내용을 읽어 보았다.

'어라? 이거 조금 이상한데……'

그미는 손를 번쩍 들고 고개를 빳빳이 세웠다.

"어, 반장, 무슨 질문 있어?"

"선생님께서 칠판에 쓰신 내용이오."

딩동댕동.

그미가 말을 하려던 찰나 갑자기 종이 울렸다.

"그미야, 다음 시간에 질문할까? 아니면 교무실로 올래?"

"내일 질문할게요."

그미는 집에 돌아와 곰곰이 생각해 보았다. 아무리 생각해도 선생님의 필기 내용이 틀린 것 같았다. 그미는 다음 날 학교에 등교하자마자 교무실로 갔다.

"선생님!"

"반장, 무슨 일이니?"

"어제 선생님께서 가르쳐 주신 내용이 틀린 것 같아서요."

"뭐? 그럴 리가…… 선생님이 틀릴 리가 없어."

"틀렸어요!"

"그럴 리 없으니까 어서 교실로 돌아가렴."

왕선녀 선생님은 급히 자리에서 일어났다. 화가 난 그미는 수업 시간 내내 손을 들었지만 수학 선생님은 발언권을 주지 않았다. 그러자 그미는 수학법정에 수학 선생님을 고소하였다.

부등식에 음수나 0의 값이 아닌 수를 곱하면
부등호의 방향은 바뀌지 않습니다.

부등식에 음수가 아닌 수를 곱하면
부등호 방향이 달라지지 않을까요?
수학법정에서 알아봅시다.

🤡 재판을 시작하겠습니다. 선생님의 설명에
의문점을 제기했다고 하는데, 어떤 문제인
지 들어 보도록 해야겠죠? 피고 측 변론하
세요.

👩 왕선녀 선생님은 새로 부임한 능력 있고 아름다운 여선생님으
로서 학생들에게도 인기가 좋습니다. 궁그미 학생은 남학생들
에게 인기 최고인 왕선녀 선생님께 질투심을 느낀 것 같습니
다. 선생님께서 수학을 잘못 가르칠 리가 없습니다. 선생님의
수업에 대해 반론을 제기한 궁그미 학생은 선생님께 얼른 사
과하고 열심히 학업에 전념해야 할 것입니다.

🤡 궁그미 학생이 선생님의 설명이 틀렸다고 했다는 말씀이군요.
무조건 선생님 말씀이 옳을 거라는 편견을 갖지 마십시오. 인
간은 누구나 실수할 수 있고, 선생님도 인간이기 때문에 무조
건 옳아야 한다는 수치 변호사의 말은 부담감을 줄 수 있는 발
언입니다.

👩 궁그미 학생의 말이 옳고 선생님 말씀이 틀릴 확률은 작습니
다. 보나마나 궁그미 학생이 아직 수학을 잘 몰라서 그런 걸

겁니다.

그건 두고 봅시다. 원고 측 변론을 들어 보겠습니다. 궁그미 학생은 선생님의 말씀 중 어떤 부분이 틀렸다고 주장합니까?

왕선녀 선생님이 수학 시간에 학생들에게 가르친 내용은 '부등식에 음수가 아닌 수를 곱하면 부등호의 방향은 달라지지 않는다' 는 것입니다.

수학을 잘 몰라서 저야 잘 모르겠습니다만, 선생님의 말씀이 틀렸다는 겁니까?

선생님의 말씀이 틀린 것은 아닙니다. 하지만 선생님의 말씀은 모든 상황에서 옳다고 볼 수 없습니다. 한 가지 빼먹었다고 말할 수 있지요.

빼먹은 내용은 어떤 것인가요?

구체적인 설명은 저보다 더 신뢰할 수 있는 분을 모셔서 들어 보는 것이 좋을 것 같습니다. 수학경시대회에서 수석 3관왕을 하시고, 3대 수학 천재상을 받고, 현재 최연소 수학과 교수님으로 계시는 수리짱 박사님을 증인으로 요청합니다.

증인 요청을 받아들이겠습니다. 증인은 증인석에 앉아 주십시오.

30대 후반으로 보이는 지적인 외모의 남성은 여러 수학경시대회에서 받은 매달을 목에 걸고 상패를 앞세워 당당하게 입장하였다.

부등식의 성질에 대해서 몇 가지 여쭤 보겠습니다. 부등식에 음수가 아닌 수를 곱하면 부등호의 방향이 달라지지 않습니까?

네, 그렇습니다. 왕선녀 선생님의 말씀처럼 'c가 음수가 아니면 a > b일 때 a×c > b×c'가 되지요.

그렇다면 왕선녀 선생님의 설명이 옳은 겁니까?

옳기는 합니다만, 무조건 맞는다고 볼 수도 없습니다.

무슨 의미입니까? 맞는다고도 할 수 있고 틀렸다고도 할 수 있다는 말입니까?

맞기는 합니다만, 예외의 경우가 빠졌다고 할 수 있습니다.

무슨 말씀입니까?

'c의 값이 음수가 아니면 a > b일 때 a×c > b×c'가 성립한다고 했는데, c의 값이 0인 경우는 음수가 아니지만 'a > b일 때 a×c > b×c'라고 할 수 없습니다. c가 0일 경우는 a가 b보다 크든 작든 모두 0이 되므로 'c의 값이 0일 경우는 a×c = b×c = 0'이 됩니다.

왕선녀 선생님께서는 c의 값이 0일 경우를 생각하지 못한 거군요. 그렇다면 궁그미 학생은 예쁘고 인기 좋은 선생님에게 질투심을 느껴서가 아니라, 수학을 잘하는 학생으로서 잘못된 부분을 지적한 것이라고 말할 수 있겠군요.

선생님께서도 생각하지 못하고 넘어간 내용을 학생이 알아내다니 정말 똑똑한 학생이군요.

학생이 선생님보다 무조건 못하다는 편견을 깬 경우지요. 궁그미 학생의 뛰어난 두뇌를 모두들 부러워하겠는걸요. 하지만 머리가 좋아서라기보다 평소에 열심히 생각하고 호기심을 가지고 집중하는 습관이 얻어 낸 성과가 아닐까 합니다. 왕선녀 선생님은 앞으로 궁그미 학생이 제시한 내용을 첨가하여 다시 설명해야 할 것입니다.

어린 학생이 선생님의 실수를 잘 찾아냈군요. 선생님은 부등식에 대해 설명하실 때 궁그미 학생이 제시한 내용을 첨가하여 '부등식에 음수, 0의 값이 아닌 수를 곱하면 부등호의 방향은 달라지지 않는다'라고 설명해야 합니다. 궁그미 학생에게 상을 내리고 다른 학생들도 궁그미 학생을 본받아 더욱 열심히 공부할 수 있도록 하십시오. 궁그미 학생 역시 계속 열심히 공부해서 좋은 성과 얻기를 바랍니다.

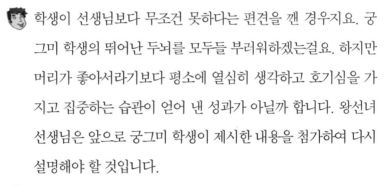

영의 성질

0은 다음과 같은 성질을 가진다.
1) $a+0=a$
2) $a-0=a$
3) $a \times 0 = 0$
4) $0 \div a = 0$ (이때 $a \neq 0$)

재판이 끝난 후, 궁그미가 왕선녀 선생님의 수업 중 잘못된 내용을 집어냈다는 것을 알게 된 학급 친구들은 모두 궁그미를 대단하게 생각했다. 왕선녀 선생님이 좋다고 했던 학급 친구들도 언제 그랬냐는 듯이 다시 궁그미가 예쁘다고 찬양했다. 궁그미 양은 당연하다는 듯이 그 상황을 즐겼다.

타격 왕이 뭐기에

따블루 선수가 1번 타자로 나왔다면
타격 왕이 될 수 있었을까요?

사건속으로

과학공화국 야구 선수권 대회에서 타격 왕의 위치
는 그야말로 신과 같은 존재였다. 수많은 스타급 야
구 선수들은 타격 왕이 되기 위해 부단히 노력했다.
그중에서도 이번 대회 타격 왕의 자리를 두고 불꽃 튀는 신경전을
벌이는 두 명의 선수가 있었다. 그중 한 선수는 라이온즈 팀의 브라
이안이었다. 브라이안 선수는 현재까지 20타수 9안타 4할 5푼으로
경기를 마친 상태였다. 그와 라이벌인 오리온즈 팀의 따블루 선수
는 전날까지 19타수 6안타 3할 1푼 6리로 브라이안에 이어 타격 2
위를 달리고 있었고, 오늘 최약체인 와이비언 팀과 마지막 경기를

치르게 되어 있었다.

오늘 따블루 선수의 마지막 경기는 누가 타격 왕이 되는지 결정되는 중요한 경기였다. 따블루 선수와 브라이안 선수는 꽃미남 야구 선수로 평소에도 소녀 팬들을 몰고 다닐 만큼 스포츠계의 스타였다. 오늘 같은 이런 빅 매치에 팬들이 빠질 수 없었다. 경기가 시작되기 전부터 응원 열기는 과열되기 시작했다. 중계석에서도 오늘 경기의 주요 인물은 따블루 선수였다. 과연 따블루 선수인가, 브라이안 선수인가, 이것이 최고의 화두였다.

"아, 오늘의 경기는 주인공이 따로 있습니다. 팀의 승리도 물론 중요하겠지만, 따블루 선수 개인적으로 아주 중요한 경기일 것입니다. 지난 대회까지 홈런왕을 차지했던 선수였는데요. 뭐, 브라이안 선수도 마찬가지고요. 두 선수 중 아직 타격 왕의 영광을 거머쥔 선수가 없어요. 그동안 타격 왕의 자리를 고수했던 타이거 선수가 은퇴를 한 시점에서 두 선수의 목표가 타격 왕이 되었다는 후문이 있습니다. 하하하, 정말 기대되는 경기입니다."

"네, 그렇습니다. 오늘 따블루 선수가 과연 브라이안 선수를 제치고 타격 왕에 오를 수 있을지 궁금해지는군요. 드디어 경기가 시작되었습니다."

감독이 갑자기 따블루 선수를 불렀다.

"블루야, 오늘은 9번에 나가라."

"네? 전 늘 1번이었잖아요. 왜 하필 오늘 같은 날 저를 9번에 나가게 하세요?"

"9번으로 나가도 충분히 타격 왕이 될 수 있어! 네가 1번으로 나가면, 브라이안을 따돌리는 순간 경기의 재미는 끝이야! 스릴도 줄 겸 그냥 9번으로 나가!"

"하지만 9번으로 나가는 건 왠지 불안합니다. 그냥 원래대로 제 순서인 1번으로 나가게 해 주세요."

"지금은 팀의 인기도 중요하다. 네 욕심만 채우려고 하면 곤란하지! 최고의 톱스타라면 그 정도 쇼맨십은 해 줘야 하는 거 아냐? 관중들도 그걸 바랄 거야."

"그래도……."

"아무튼 9번으로 나가는 거다. 제임스, 오늘은 네가 1번으로 나가라."

감독의 강경한 태도에 따블루는 더 이상 할 말이 없었다. 지금까지 9번 타자로 뛰었던 제임스가 1번으로 기용되었다. 관중들은 경기 내내 따블루를 기다리며 손에 땀을 쥐었다. 브라이안도 겉으로는 여유 있는 척했지만, 내심 속으로 불안하고 긴장되기는 마찬가지였다. 제임스 선수가 걸어 나오자 관중들은 야유를 퍼부었다.

"아, 이게 웬일입니까? 따블루 선수 너무 자신만만한 거 아닙니까? 9번으로 나온다니요! 그러다가 실수라도 하면 브라이안 선수에게 타격 왕이 돌아가는 거 아닙니까? 자신감이 너무 넘치나요?"

"그러게 말입니다. 항상 1번으로 나오던 선수지 않습니까? 지금까지처럼 1번 타자로 나오면 타석이 많아져 타격 왕이 될 가능성이 더 높아지는데…… 역시 따블루 선수는 스포츠계의 스타군요. 스릴 넘치는 경기를 보여 줄 모양입니다. 하하하!"

중계석과 관중석에서도 의아해했다. 따블루 역시 왠지 모를 불안감에 초조해하며 벤치에 앉아 있었다.

"감독님! 그럼 2번이라도……."

"이봐, 따블루! 그렇게 자신이 없나? 아무 말 말고 9번으로 나가란 말이야!"

한 번 더 얘기하면 감독이 정말 화를 낼 것 같아서 더 이상 말을 붙일 수가 없었다. 목이 빠져라 따블루 선수를 기다리던 관중석의 팬들도 다들 지쳐 있었다. 드디어 9번으로 기용된 따블루 선수가 모습을 보였다.

"아, 드디어 따블루 선수가 나왔네요!"

"현재 1대 0으로 뒤지고 있는 오리온즈의 3회 말 공격입니다."

따블루 선수는 이를 악물었다. 팬들은 모두 숨을 죽이고 지켜보았다. 브라이안 선수도 입술을 깨물고 관중석에 앉아 있었다.

탁……!

"안타입니다. 첫 타석에서 안타를 뽑는 따블루, 관중들 흥분하고 있습니다."

따블루는 연속해서 안타를 때렸다. 이렇게 해서 9회 말 오리온즈의 마지막 공격 전까지 따블루 선수는 4타수 4안타가 되었다. 이제

4대3으로 지고 있는 오리온즈의 9회 말 마지막 공격, 타순은 6번 타자부터 시작되었고, 와이비언은 구원 전문 투수인 리베라 선수가 공을 던졌다. 리베라의 신들린 듯한 투구에 오리온즈의 타자들은 헛방망이질을 해 댔다. 결국 8번 타자까지 세 명의 타자가 삼진으로 물러나면서 따블루 선수는 오늘 경기 4타수 4안타를 추가해, 타율 4할 3푼 4리로 타격 1위 자리를 브라이안 선수에게 넘겨주고 말았다.

경기가 끝난 후 따블루는 감독에게 달려갔다.

"1번 타자였다면 타석이 한 번 더 있어서 타격 왕이 될 수도 있었잖아요?"

따블루는 이렇게 절규하며 자신이 타격 왕이 되지 못한 이유가, 감독이 자신을 9번 타자에 배정했기 때문이라며 오리온즈의 감독을 수학법정에 고소했다.

타율이란 안타를 타수로 나눈 비율로
'할푼리' 로 나타냅니다.

따블루가 1번 타자로 나왔다면
타격 왕이 될 수 있었을까요?
수학법정에서 알아봅시다.

재판을 시작합니다. 먼저 피고 측 변론하
세요.

4타수 4안타를 치고도 타격 왕이 못 되었
는데, 한 타석 더 나와 5타수 5안타가 된다고 타격 왕이 되겠
어요? 내가 보기에는 10타수 10안타쯤은 돼야 할 것 같은데.

수치 변호사, 그 말은 어떤 근거에서 나온 거죠?

느낌이죠.

느낌으로 하지 말고 수학적으로 변론하세요. 여기는 수학법정
이에요.

그럼, 할 말 없습니다.

어이구! 매쓰 변호사 변론하세요.

제가 엄청난 야구광이거든요. 그래서 이번 사건은 제가 직접
변론하겠습니다.

그렇게 하세요.

우선 타율이란 안타를 타수로 나눈 비율입니다. 여기서 타수
를 얘기할 때는 포볼이나 몸에 맞는 볼은 제외하지요. 아무튼
브라이안 선수는 경기를 모두 마쳤고, 그의 타율은 4할 5푼이

므로 소수로 쓰면 0.45입니다. 그리고 따블루 선수는 19타수 6안타지요. 그러므로 따블루 선수가 모든 타석에서 계속 안타를 친다고 가정하고 마지막 경기의 타수를 x라고 하면 전체 타수는 $19+x$가 되고 안타 수는 $6+x$가 됩니다. 그렇게 된다면 따블루 선수의 타율은 $\dfrac{6+x}{19+x}$가 되지요. 그러므로 따블루 선수가 브라이안 선수를 이기기 위해서는 $\dfrac{6+x}{19+x}>0.45$가 되어야 합니다. 이때 $19+x$는 양수이므로 양변에 이 식을 곱하면 $6+x>0.45(19+x)$가 되고, 이것을 정리하면 $6+x>0.45x+8.55$가 됩니다. 마지막으로 이 식을 이항한 식, $0.55x>2.55$에서 x를 풀면 $x>4.6363\cdots\cdots$가 됩니다. 그러므로 따블루 선수가 5타수 5안타를 쳤다면 타격 왕이 되는 거죠. 보통 1번 타자는 9번 타자보다 한 타석 정도 더 많으므로 만일 1번 타자로 나와서 5타수 5안타가 되었다면 그때는 24타수 11안타가 되어 타율 4할 5푼 8리의 브라이안을 앞지르고 타격 왕이 되었겠지요.

듣고 보니 그렇군요. 팀의 승리도 중요하지만, 선수 자신의 개인 기록도 중요합니다. 그런데 오리온즈 감독의 수학적 무식함이 어린 따블루 선수가 타격 왕이 될 수 있는 기회를 무산시켰으므로, 이번 사건에서는 감독의 책임이 전적으로 크다고 생각합니다.

재판이 끝난 뒤, 따블루 선수가 타격 왕이 될 수 있는 기회를 놓치게 한 감독은 따블루 선수에게 진심으로 사과했다. 타격 왕을 놓친 따블루는 브라이안을 꼭 앞지르겠다는 다짐으로 더욱더 열심히 연습하였다.

 할푼리

비율은 소수나 분수로 나타낼 수 있다. 비율을 소수로 나타낼 때는 소수 첫째 자리를 '할', 소수 둘째 자리를 '푼', 소수 셋째 자리를 '리'라고 하는데 야구에서 타율을 나타낼 때 많이 사용한다. 예를 들어 0.435는 4할 3푼 5리로 0.641은 6할 4푼 1리로 나타낸다.

부등식의 해

부등식도 방정식처럼 문자를 이용하여 풀 수 있습니다. 다음 부등식을 만족하는 정수를 찾아봅시다.

$x-2>0$

우리는 이 부등식을 만족하는 모든 정수 x를 찾아야 합니다. x에 3을 넣어 봅시다. $3-2=1$이므로 $3-2>0$이 되어 부등식을 만족합니다. x에 4를 넣어 봅시다. $4-2=2$ 이므로 $4-2>0$이 되어 부등식을 만족합니다. x에 5 이상의 정수를 넣어도 부등식을 만족합니다. 그러므로 3, 4, 5, ……는 부등식을 만족합니다. x에 3보다 작은 수를 넣으면 어떻게 될까요?

x에 2를 넣어 봅시다. $2-2=0$이죠? 0이 0보다 클 수 없으니까 x에 2를 넣으면 부등식을 만족하지 않습니다. 마찬가지로 x에 1 이하의 정수를 넣으면 부등식을 만족하지 않습니다.

그러므로 부등식 $x-2>0$을 만족하는 정수 $x=3$, 4, 5, ……입니다. 하지만 일일이 x의 값에 수를 대입하는 것은 너무 불편합니다. 그러므로 일반적으로 부등식 푸는 방법을 알아봅시다.

부등식을 풀 때는 부등식의 네 가지 성질을 이용하면 편리합니다. 부등식의 양변에 2를 더해도 부등호의 방향이 바뀌지 않으므로 $x-2+2>0+2$가 되고 $-2+2=0$이므로 이 식을 정리하면 $x>2$가 됩니다.

이것이 바로 부등식 $x-2>0$을 푼 결과입니다. 이것을 부등식의 해라고 합니다. 즉 2보다 큰 수들은 모두 부등식 $x-2>0$을 만족하지요.

부등식의 성질

부등식 $4>2$ 의 양변에 3을 곱하면 좌변은 $4\times3=12$가 되고 우변은 $2\times3=6$이 됩니다. 12는 6보다 큽니다. 즉, $4\times3>2\times3$처럼 어떤 수를 곱해도 부등호는 달라지지 않을까요? 그렇지 않습니다. 주어진 부등식의 양변에 (-1)을 곱해 봅시다. 좌변은 $4\times(-1)=-4$, $2\times(-1)=-2$가 되지요. 이때 $-4<-2$입니다. 어랏! 부등호의 방향이 바뀌었군요. 이것이 바로 부등식의 가장 중요한 성질입니다. 즉 부등식의 양변에 음수를 곱하면 부등호의 방향이 바뀌게 되지요.

$$4\times(-1)<2\times(-1)$$

이것을 정리하면 다음과 같습니다.

● a>b일 때 c가 양수이면 a×c>b×c이고, c가 음수이면 a×c <b×c가 된다.

주어진 부등식의 양변을 2로 나누어 봅시다. 이때 좌변은 $\frac{4}{2}=2$ 가 되고 우변은 $\frac{2}{2}=1$이 되어 2>1입니다. 즉 양수로 나누면 부등 호의 방향이 바뀌지 않습니다. 하지만 −2로 나누면 좌변은 $\frac{4}{-2}=-2$ 가 되고 우변은 $\frac{2}{-2}=-1$이 되어 −2<−1이 되지요. 그러므로 음수 로 나누면 부등호의 방향이 바뀝니다. 이것을 정리하면 다음과 같 습니다.

● a>b일 때 c가 양수이면 $\frac{a}{c}>\frac{b}{c}$이고, c가 음수이면 $\frac{a}{c}<\frac{b}{c}$가 된다.

이렇게 부등식의 양변에 양수를 곱하거나 나누면 부등호의 방향 이 바뀌지 않지만, 음수를 곱하거나 나누면 부등호의 방향이 바뀌 게 됩니다.

일차 부등식의 활용에 관한 사건

딸기 운송비 줄이기 대작전

딸기 18,000 상자를 실어 나르려면 큰 트럭과
작은 트럭 몇 대가 필요할까요?

사건속으로

딸기 마을의 올해 농사는 대풍년이었다. 게다가 최근에는 연예인들의 딸기 다이어트가 유행하는 바람에 딸기의 판매량이 급증하였다. 그러자 딸기 마을에서는 기분 좋은 회의가 열리게 되었다. 마을 이장이 주민들 앞에 서서 마이크를 잡았다.

"여러분! 우리 마을에 큰 경사가 났습니다. 대기업에서 우리 딸기를 이용해 다이어트 식품을 만들겠다는 연락이 왔습니다. 하하!"

"우와!"

마을 사람들은 환호성을 지르며 손뼉을 쳤다. 그때 청년회장이 손을 번쩍 들었다.

"이장님, 그럼 우리 딸기를 얼마나 사 간다는 건가요?"

"현재 납품하기로 계약한 물량은 18,000상자입니다."

마을 회관이 술렁이기 시작했다. 18,000상자라면 꽤 많은 물량이었다.

"그래서 말인데, 당분간 딸기 수확에 박차를 가합시다. 납품 날짜가 얼마 안 남았습니다. 일주일 뒤에는 약속한 물량을 실어 보내야합니다. 납품을 하고 나면 딸기 마을 축제를 열도록 합시다. 그건대기업에서 마련해 주겠다고 했습니다. 우리 모두 열심히 해 봅시다. 하하하!"

"아자! 아자! 파이팅!"

"이야, 딸기 축제? 멋있다. 하하하!"

마을은 거의 잔칫집 분위기였다. 일주일 동안 마을 사람들은 부지런히 딸기를 수확하여 정성껏 상자에 담았다. 어느 날 밤, 청년회장이 마을 이장을 찾아왔다.

"이장님, 그런데 딸기 상자는 누구 차로 실어 나릅니까?"

"아차! 그렇군. 양이 너무 많아서 트럭을 이용해야 하는데……."

"우리 마을에는 트럭이 없는데요."

마을 이장과 청년회장은 머리를 마주하고 고민했다. 그때 청년회장이 무릎을 탁 치며 말했다.

"이장님, 그럼 이렇게 하면 어떨까요? 트럭을 빌리는 겁니다. 이

웃 마을에 트럭을 많이 가지고 있는 황씨에게 빌리죠. 돈이 좀 들더라도 딸기를 안전하게 운반하려면 큰 트럭을 이용해야 하지 않을까요?"

"근데 트럭 빌리는 값이 비싸지 않을까? 그냥 우리 마을 사람들 차를 이용해서 조금씩 나르는 건……."

청년회장은 영리하고 성실한 사람이었다. 그가 단호하게 말했다.

"그건 안 됩니다. 그러다가 딸기의 신선도가 떨어지면 대기업에서 납품을 취소할지도 모르지 않습니까? 빌리는 방법밖에 없습니다."

"음…… 그럼 내일 황씨를 만나 보도록 하세!"

다음 날, 마을 이장과 청년회장은 이웃 마을에 황씨를 만나러 갔다. 황씨는 소문난 트럭 부자였다. 그는 수십 대의 트럭을 빌려 주는 것으로 돈을 벌어들였다. 같은 마을 사람에게도 절대 깎아 주는 법이 없는 인색한 사람이었다. 그의 얼굴에는 여기저기 심술이 잔뜩 붙어 있었다.

"으흠! 딸기 마을 이장님이 무슨 일로 저를 찾아오셨습니까?"

그는 트럭을 빌리기 위해 온 것을 뻔히 알면서도 모르는 척하고 물었다. 이장은 그를 별로 탐탁지 않게 생각하고 있었지만 어쩔 수 없는 일이었다. 이상한 분위기를 감지한 청년회장이 넉살을 떨면서 말했다.

"황씨, 우리 딸기 마을 소식 들었지? 우리가 대기업에 딸기를 납품하기로 해서 운반할 트럭이 필요해!"

"그럼 몇 대 정도 필요하지?"

"18,000상자를 실어 나르려면 얼마나 필요할까?"

"음, 8톤 트럭에는 2,400상자 정도 실리고, 4톤 트럭에는 1,600상자 정도가 실리지."

"트럭 대여료는 얼마나 하나?"

"4톤 트럭은 한 대에 4달란이고, 8톤은 8달란이야. 8톤 트럭이 좀 비싸지. 4톤 트럭의 두 배!"

"뭐?"

청년회장과 마을 이장의 눈이 마주쳤다. 생각보다 대여료가 너무 비쌌다. 그렇다고 황씨의 성품으로 보아 깎아 줄 사람도 아니었다. 하지만 청년회장은 한 번 정도 부탁해 볼 심사로 입을 열었다.

"이보게, 황씨!"

"설마 값을 깎아 달라는 건 아니겠지?"

"조금만……."

"안 되지! 난 여태껏 누구한테도 깎아 준 적이 없어. 물론 자네도 예외는 아니고. 뭐 비싸다고 생각하면 그냥 가든지. 난 손해 볼 일 없네. 하하하!"

황씨는 정말 얄미운 성격의 소유자였다. 마을 이장은 당장에라도 소리 치고 나오고 싶었지만 트럭은 꼭 필요했다. 황씨가 아니라면 그 정도의 트럭을 빌릴 만한 곳이 없었다. 게다가 납품 날짜가 내일이었다. 마을 이장은 큰 결심이라도 한 듯 한숨을 쉬고 말했다.

"아유, 황씨, 그럼 우리 딸기 상자 개수에 알맞게 트럭을 보내 주게. 값은 정확히 계산해 주겠네. 내일 오전 11시까지는 꼭 보내 줘야 하네. 그리고 우리 마을 회관 앞마당이 작아서 트럭이 10대밖에 못 들어오니까 트럭은 꼭 10대를 맞춰주게."

황씨는 얼굴에 잔뜩 웃음을 머금고 말했다.

"하하하, 이장님 통 한번 크십니다. 알겠습니다. 튼튼한 트럭으로 내일 오전에 보내 드리죠! 돈은 내일 트럭을 넘기면서 받도록 하겠습니다. 현금으로 준비해 주세요. 하하하!"

청년회장과 마을 이장은 딸기 마을로 돌아왔다. 다음 날 아침, 마을 사람들은 딸기 상자를 마을 회관 앞으로 옮기느라 새벽부터 정신없이 바빴다.

"이장님, 트럭은 안 와요?"

"11시까지 오기로 했으니까 곧 올 겁니다."

"이제 고생 끝이다. 하하하!"

"하하하!"

마을 사람들은 지난 일주일 동안 하루도 쉬지 않고 딸기를 수확하느라 많이 힘들었다. 하지만 딸기를 납품한다는 기쁨 때문인지, 마을 사람들 얼굴에서는 힘든 기색을 전혀 찾아볼 수 없었다. 그때 멀리서 트럭들이 줄을 지어 들어왔다.

"이장님, 트럭이 옵니다."

"드디어 오는구먼! 딸기 다 실으면 곧장 딸기 축제 준비합시다.

하하하!"

"얼씨구 좋다~ 절씨구 좋다~."

몇몇 마을 사람들은 덩실덩실 어깨춤을 추기도 했다. 트럭은 꽤 많이 들어왔다. 청년회장은 트럭의 대수를 세 보았다.

"청년회장, 몇 대나 들어왔나?"

"8톤 트럭 5대와 4톤 트럭 5대입니다."

한 트럭의 보조석에서 황씨가 내려오며 말했다.

"이장님, 돈은 준비하셨습니까? 5대씩이니까 60달란입니다."

"8톤짜리가 왜 이렇게 많습니까?"

"딸기 상자가 18,000개라고 하지 않았나요? 그리고 저한테 알맞은 트럭을 보내 달라고 하셨잖아요. 그래서 5대씩 준비했습니다."

청년회장이 마을 이장 귀에 대고 작은 소리로 속삭였다.

"이장님, 아무래도 8톤 트럭이 너무 많은 것 같습니다. 저렇게 많이 필요할 것 같지 않은데."

"나도 그렇게 생각하네. 어떻게 해야 하지?"

"8톤을 하나 빼고 4톤으로 바꿔 달라고 할까요?"

"그래, 그러자고!"

황씨는 딸기를 몇 개 집어먹고 있었다.

"딸기가 참 달달하네요. 하하하, 근데 두 분은 무슨 귓속말을 그렇게 하십니까?"

마을 이장이 황씨에게 다가가 말했다.

"8톤은 4대면 될 것 같은데, 한 대는 그냥 돌려보내고 4톤으로 바꿔 주시게!"

"네? 그건 안 되죠! 이미 몰고 왔는데."

"뭐라고? 이 사람이……."

황씨는 그야말로 막무가내로 배짱을 부렸다.

"이장님께서 저더러 알아서 보내라고 하지 않으셨습니까? 이제 와서 이렇게 계약을 어기시면 곤란합니다. 어서 트럭 대여료나 주십시오, 60달란!"

"트럭을 바꿔 주기 전에는 돈을 한 푼도 줄 수 없네. 당장 바꿔 주게. 시간이 없어!"

이장은 얼굴을 붉히며 큰 소리로 말했다. 하지만 황씨는 끄떡도 하지 않았다. 오히려 귀를 후비며 콧노래를 불렀다.

"이장님, 어서 돈 주십시오. 아니면 트럭을 모두 다 돌려보내겠습니다."

시계를 보았다. 이미 11시가 넘어 버렸다. 마을 총무가 이장에게 급히 달려왔다.

"이장님, 대기업에서 딸기를 배송했는지 확인 전화가 왔습니다."

황씨는 더욱더 기고만장이었다.

"빨리 결정하셔야겠습니다. 저야 시간이 많지만…… 이러시다 가는 딸기 배송에 차질이 생길 것 같은데, 괜찮으시겠습니까?"

마을 이장은 그의 방자한 태도를 도저히 참을 수 없었다.

"이봐, 황씨! 자네를 수학법정에 고소하겠네!"

"네? 참 나, 마음대로 하십시오. 허허허!"

꿈쩍도 하지 않는 황씨의 모습을 보자 화가 머리끝까지 난 이장은 그길로 딸기 배송은 뒤로한 채 수학법정으로 달려가 황씨를 고소하였다.

딸기 상자를 운반하는 데 필요한 큰 트럭의 최소값은
부등식 2400x+1600(10-x)>18000으로 구할 수
있습니다.

딸기 18,000상자를 실어 나르려면
몇 대의 트럭이 필요할까요?
수학법정에서 알아봅시다.

재판을 시작하겠습니다. 매우 급한 상황이
므로 재판을 빨리 진행시키도록 하겠습니
다. 피고 측 변론부터 들어 보겠습니다.

피고는 트럭을 빌려 주고 돈을 받는 사람입니다. 원고가 어제
트럭을 빌리러 왔으며, 피고는 오늘 트럭을 빌려 주려고 했습
니다. 그런데 원고 측은 트럭을 자꾸 바꿔 달라고 합니다. 딸
기 배달 시간도 다 되어 가는데 이미 가져온 트럭을 바꿔 달
라고 하니 원고 측의 억지가 아니고 무엇입니까? 딸기 배달
을 제 시간에 하려면 지금이라도 얼른 일어서야 합니다. 판단
은 원고 측에 맡기며, 트럭을 바꿔 달라는 요구는 절대 받아
들일 수 없습니다.

트럭을 바꾸는 일이 그렇게 어렵습니까? 너무 까칠한 것 아
닌가요? 아무튼 알겠습니다. 원고 측 변론을 들어 보도록 합
시다.

원고 측이 트럭을 빌릴 때는 큰 트럭과 작은 트럭에 대한 설명
을 듣고 적당한 대수의 트럭을 요구했습니다. 그런데 피고는
자신의 욕심을 채우기 위해 큰 트럭을 필요 이상으로 많이 가

져온 것입니다. 필요하지 않은 트럭을 가져와서 바꿔 줄 수 없다며, 계속 바꿔 달라고 한다면 아예 트럭을 빌려 주지 않겠다고 하는 것은 협박입니다.

🤡 필요한 트럭이 어느 정도인지 어떻게 알 수 있습니까?

👦 필요한 트럭 수는 수식으로 풀어 보면 알 수 있습니다. 큰 트럭과 작은 트럭의 대수 계산하는 것을 도와줄 분을 모셨습니다. 부등식연구소의 최똑똑 박사님을 증인으로 신청합니다.

🤡 증인은 증인석으로 올라오십시오.

뿔테 안경을 쓰고 머리가 덥수룩한 40대 후반의 남성은 겉모습만 봐도 평생 공부에 매달린 것을 알 수 있었다.

👦 딸기를 배달하는 데 필요한 큰 트럭과 작은 트럭의 대수를 알 수 있습니까?

🧔 적당한 수식으로 부등식을 만들면 필요한 값을 얻어 낼 수 있습니다. 기본적인 값들은 얼마죠?

👦 배달해야 하는 딸기는 18,000상자입니다. 큰 트럭 한 대에는 2,400개의 상자가, 작은 트럭 한 대에는 1,600상자가 실립니다. 그리고 필요한 트럭의 총 대수는 10대입니다. 큰 트럭 요금은 8달란이고, 작은 트럭 요금은 4달란이라고 하는군요. 원고 측은 큰 트럭 대여료가 비싸기 때문에 큰 트럭을 작은 트럭

보다 적게 빌리고자 합니다.

큰 트럭 수를 구해야겠군요. 큰 트럭 수를 모르는 값 x라 둡시다. 전체 트럭 수가 10대이므로 작은 트럭 수는 10-x입니다. 큰 트럭 하나당 2,400개, 작은 트럭 하나당 1,600개의 상자가 실리므로 전체 트럭에 담기는 총 상자 수를 트럭으로 계산하면 $2400x+1600(10-x)$가 됩니다. 이 값은 최소한, 딸기 총 상자 수인 18,000보다 커야 하므로 부등식으로 표현하면 $2400x+1600(10-x) > 18000$입니다.

부등식을 계산하면 필요한 큰 트럭의 최소값이 나옵니까?

그렇죠. 계산해 보면 $2400x+16000-1600x > 18000$이 되고 식을 간단히 하기 위해 양변을 100으로 나누어 보면 $24x+160-16x > 180$이 됩니다. 왼쪽의 x항을 더하고 양변에서 160을 빼면 $8x > 20$이 되고, 양변을 8로 나누면 우리가 구하는 x값이 $\frac{20}{8}$보다 큽니다. x값은 2.5보다 커야 하고 트럭은 정수 값이므로 필요한 큰 트럭은 3대만 있으면 됩니다.

처음부터 피고 측에서 5대를 가져온 것은 필요하지 않은 큰 트럭의 요금을 많이 받기 위해서라고밖에 볼 수 없습니다. 실제로 큰 트럭이 3대 필요하면 작은 트럭은 7대가 필요하게 되는군요.

큰 트럭 요금은 8달란이고, 작은 트럭 요금은 4달란이므로 전체 요금은 $(8 \times 3) + (4 \times 7) = 52$달란입니다.

친절한 설명 감사드립니다. 피고 측은 필요 이상의 트럭을 빌려 주고 많은 이익을 얻을 목적으로 협박성 영업을 했습니다. 원고 측이 딸기 배달 시간을 맞춰야 하는 점을 이용하여 트럭을 교환할 수 없다고 억지 쓴 사실을 인정하고, 트럭을 교체해 줄 것은 물론, 시간 지연으로 딸기 배달에 손해를 끼친 점에 대해 배상할 것을 요구합니다.

원고 측의 논리적인 변론을 통해 피고 측의 일방적인 요금 징수와 배달 시간 지연에 대한 책임이 인정되므로, 피고 측은 원고 측이 받은 피해의 절반을 보상할 것을 판결합니다. 이 시간 이후 되도록 빨리 트럭을 교체해 주고, 앞으로 트럭을 대여할 때 또다시 이 같은 일이 있으면 더 큰 법적인 조치를 취할 것이므로, 정당하고 합법적인 영업을 해 줄 것을 부탁드립니다. 이상으로 재판을 마치겠습니다.

재판이 끝난 뒤 황씨는 딸기 마을의 피해를 보상하고, 트럭을 교체해 주었다. 그 후로 딸기 마을에서 황씨의 트럭을 빌릴 때는 계산을 해 보고 트럭의 수를 결정했다.

 ax+b>cx+d의 풀이

일반적으로 문자가 있는 항은 좌변으로, 상수항은 우변으로 이항하여 (a-c)x>d-b로 바꾸어 푼다.

단체권을 끊을까,
개인권을 끊을까, 그것이 문제로다!

단체 표와 개인 표를 합해서 사는 것이
단체 표 두 장을 사는 것보다 더 유리할까요?

왕예리 씨는 아주 꼼꼼하기로 소문난 주부였다. 그
녀가 시장에 나타났다 하면 장사하는 사람들이 긴
장할 정도였다.

"아줌마, 저 고등어 오늘 들어온 거 아니죠? 눈을 보니까 약간 맛
이 갔는데?"

"무슨 소리야! 오늘 들어온 거라니까!"

"에이, 아닌 거 같은데 뭐…… 그냥 나한테 반값에 파세요!"

"참 나, 별의별 방법으로 값을 깎네. 아무튼 덜렁이 엄마는 못 말
린다니까."

"호호호!"

예리 씨는 제값을 다 주고 물건을 사 본 적이 없다. 꼼꼼한 데다 짠순이 기질까지 다분하였다. 과일이나 야채를 살 때도 항상 덤으로 서너 개는 더 집어 오는 것이 다반사였다. 그래서 그녀는 상인들에게 공포의 대상이었다. 그러던 어느 날, 아들 덜렁이네 학교에서 학부모 회의가 열렸다. 꼼꼼 여왕 예리 씨가 안 갈 수 없었다.

"자, 학부모님들이 다 모이신 거 같은데요. 이번 학부모 회의의 안건은 봄 소풍입니다. 우리 아이들이 봄을 맞이해서 학교가 아닌 야외에서 학습을 했으면 해서요. 현재 염두에 두고 있는 곳은 환상랜드와 수목원, 과학관입니다. 혹시 어머님들이 생각해 보신 다른 좋은 곳 있으시면 지금 말씀해 주세요."

학부모들은 모두 조용했다. 그때 우리의 예리 씨가 손을 번쩍 들었다.

"제 생각에는 공원이나 궁으로 가는 건 어떨까요? 돈도 안 들고 얼마나 좋습니까? 호호호!"

그러자 화려한 옷에 액세서리를 주렁주렁 달고 나온 나부자 씨가 손을 들고 반박했다.

"공원이나 궁은 평소에도 갈 수 있잖아요. 그리고 무엇보다 아이들이 좋아하지 않을 거예요. 오히려 제 생각에는 돈을 좀 주고라도 해외로 가는 건 어떨까요? 호호호!"

나부자 씨는 동네에서 손꼽히는 부자였다. 그녀의 딸이 학급 회장이었는데, 그것도 아이들에게 온갖 간식을 사 준 덕분에 됐다는 후문이 있었다. 학부모 회장인 복녀 씨가 앞에 서서 말했다.

"해외는 좀 무리일 것 같아요. 물론 공원이나 궁도 소풍 장소로는 마땅하지 않다고 봅니다. 그럼 그냥 아까 말한 세 군데 중에서 결정하도록 해요. 이의 없으시죠?"

나부자 씨는 마음에 들지 않는 표정으로 자리에서 일어났다.

"정말이지, 수준이 안 맞아도 너무 안 맞는다. 해외여행이 어때서 그래요? 나한테는 별로 무리 가지 않는 일인데…… 다른 사람들한 테는 엄청 무리인가? 그럼 내가 다 대 줄까요? 호호호!"

모여 있던 사람들은 나부자 씨의 돈 자랑에 이미 귀를 막은 듯했다. 그러나 한 사람! 예리 씨는 귀를 쫑긋 세우고 있었다.

"어머, 정말요?"

그때 예리 씨 옆에 앉아 있던 성실 씨가 팔을 툭 쳤다. 그리고 벌떡 일어나 나부자 씨를 매섭게 노려보며 말했다.

"이봐요, 저희가 무슨 거지예요? 그리고 수준이 안 맞다니요! 초등학생 봄 소풍에 해외여행이라니, 그거야말로 어처구니가 없는 말이네요. 정 가고 싶으면 그쪽이나 갈 일이지, 학교에 와서 웬 잘난 척입니까?"

성실 씨는 언제나 올바른 소리를 하는 여자였다. 어디선가 박수소리가 들렸다.

"어머, 어머, 정말 뭐 이런 구질구질한 데가 다 있어? 럭셔리한 구석이라고는 찾아볼 수가 없네. 이런 곳에서 우리 아이가 공부를 하다니…… 당장 전학 보내겠어요. 흥!"

얼굴이 벌겋게 달아오른 나부자 씨는 의자를 박차고 일어나 교실 문을 쾅 닫고 나가 버렸다. 학부모 회장은 속이 다 후련하다는 듯이 웃으며 말했다.

"성실 씨 파이팅! 호호호. 안 그래도 부자 씨는 언젠가 성실 씨한테 한 방 먹을 줄 알았어요. 호호호, 매일 회의에 와서 명품 자랑이나 하고…… 아무튼 잘난 척 대마왕도 없으니 회의를 계속 진행하도록 합시다. 봄 소풍 장소는 투표로 결정하도록 하죠. 아까 말한 세 군데가 후보지입니다. 1번은 환상 랜드, 2번은 수목원, 3번은 과학관입니다. 다들 제가 나누어 준 종이에 적어 두 번 접으셔서 투표함에 넣어 주세요."

사람들은 손으로 가리고 번호를 적었다. 그리고 두 번씩 접어서 함에 넣었다. 예리 씨는 세 번이나 접어서 집어넣었다. 역시 꼼꼼 여왕이었다. 복녀 씨는 걷은 종이를 하나씩 펼쳐서 개수를 세었다.

"자, 개표를 다 했는데요. 수목원을 쓴 한 명 빼고 나머지 인원이 써낸 환상 랜드로 결정되었습니다."

수목원을 쓴 한 사람이 누군지는 뻔했다. 예리 씨는 안타까운 듯 고개를 푹 숙였다.

'환상 랜드는 비싸기로 소문난 놀이동산인데…… 공짜로 입장하는 수목원이랑 과학관 두고 왜 하필 환상 랜드야? 에이, 돈 들어가

게 생겼네.'

복녀 씨는 예리 씨의 속을 아는지 모르는지 웃으면서 말했다.

"아주 좋은 결정인 것 같아요! 환상 랜드는 우리 아이들이 정말 가고 싶어 하는 곳이에요. 이번 기회에 가 봅시다. 호호호! 자, 그럼 다음은 입장료를 비롯한 소요 경비에 관한 안건입니다. 우리 학생들은 모두 89명입니다. 제가 알아보니 자유 이용권은 일인당 3,500 달란이고, 50명짜리 단체 표를 사면 20% 할인이 된다고 하네요. 선생님께서 표를 얼마에 사실지는 아직 정확히 모르겠으나, 어머님들도 대충 얼마가 들지는 아셔야 할 것 같아서요."

학부모 회의가 끝났다. 예리 씨는 자유 이용권 요금을 낼 생각을 하니 돈이 아깝다는 생각이 먼저 들었지만, 덜렁이의 환한 미소가 떠올라 어쩔 수 없었다. 예리 씨는 뒤풀이도 거절하고 집으로 돌아왔다.

'뒤풀이 가 봤자 돈만 들겠지 뭐. 집으로 곧장 오길 잘한 것 같아. 오랜만에 잠이나 늘어지게 자야겠다. 음, 하!'

다음 날, 학교에서 돌아온 덜렁이는 뭐가 그리 신이 났는지 폴짝거리며 가정 통신문을 내밀었다.

"엄마, 학교에서 소풍 간대요. 환상 랜드로! 아싸!"

"그렇게 좋아?"

"네, 너무너무 좋아요. 흐흐흐!"

예리 씨는 아들을 흐뭇한 눈으로 바라보다가 가정 통신문을 펴보았다. 가정 통신문에는 일자와 준비물 등이 적혀 있었다.

"어라?"

4학년 어린이들이 봄을 맞이하여 소풍을 떠납니다. 장소는 환상 랜드입니다. 50명짜리 단체 표 한 장과 개인 표 39장을 구입할 것입니다. 그 비용은 부모님들께서 지불해 주십시오.

예리 씨는 순간 무언가 이상하다는 생각이 들었다.

'왜 단체 표를 두 장 사지 않지?'

그리고 거실로 가서 수화기를 들었다.

"여보세요."

"네, 공화초등학교입니다."

"4학년 5반 덜렁이 엄마예요. 봄 소풍 가정 통신문을 받았는데요, 좀 이상해서요."

"무슨 말씀이신지……."

"89명이 소풍을 가는데 왜 50명 단체 표를 두 장 구입하지 않는 거죠? 그럼 할인을 더 많이 받을 수 있을 것 같은데……."

"저도 잘은 모르겠지만, 아무튼 그렇게 하기로 했으니 아이 편으로 돈을 보내 주세요."

"뭐라고요? 꼼꼼 여왕 나예리를 어떻게 보고! 난 절대 부당한 비싼 요금 낼 수 없어요!"

"그럼 덜렁이 학생은 봄 소풍을 갈 수 없겠네요."

담담한 직원의 말에 수화기를 든 예리 씨의 손이 부들부들 떨렸다. 예리 씨는 갑자기 소매를 걷어붙이더니 소리쳤다.

"이봐요, 그렇다면 부당하게 돈을 요구하는 학교를 고소하겠어요. 흥!"

수화기를 부서져라 내려놓고 그길로 예리 씨는 수학법정으로 달려갔다.

단체 표와 개인 표를 합해서 사는 것이
단체 표 두 장을 사는 것보다 3,500달란
적게 내는 것이 됩니다.

89명이 놀이동산에 입장할 때 50명짜리 단체 표 두 장을 사는 것이 유리할까요?
수학법정에서 알아봅시다.

재판을 시작하겠습니다. 아이들에게 행복한 시간이 될 봄 소풍에 문제가 생겼습니까? 원고 측 변론해 주십시오.

학생들의 봄 소풍 장소가 환상 랜드로 정해졌습니다. 환상 랜드는 단체 학생 할인을 20% 해 준다고 합니다. 전체 학생이 89명인데, 이는 거의 100명에 가까운 수이기 때문에 50명짜리 단체 표 두 장을 끊으면 많은 이득이 생길 거라 생각합니다.

그럼 원고 측 변론하세요.

이번 변론은 제가 직접 하겠습니다. 할인된 가격으로 50명짜리 단체 표 두 장 사는 방법과, 단체 표 한 장과 개인 표 39장 사는 방법을 계산해 보았습니다.

벌써 다 계산해 왔다고요? 역시 매쓰 변호사는 대단하다니까요. 계산한 값은 어떻게 나왔습니까?

먼저 단체 표 두 장을 사는 경우는, 한 장에 3,500달란 하는 표 50장 산 가격을 20% 할인해 주므로 실제 내야 하는 돈은 본래 가격의 80%입니다. 그러므로 50명짜리 단체 표 두 장의 가격은 $3500 \times 50 \times 0.8 \times 2$입니다.

🐮 다른 경우엔 얼마를 내야 합니까? 계산이 복잡하지 않을까요?

😀 복잡하지만 표 값을 조금이라도 절약할 방법이라고 생각하고 천천히 계산하면 충분히 풀 수 있습니다. 제가 꼭 짠돌이가 된 것 같긴 합니다. 하하하! 총 인원이 50명 이상이므로 일단 50명은 할인을 받는 것이 좋겠습니다. 나머지 인원수를 x로 두고 요금을 계산하면 개인 표를 살 경우는 $3500 \times x$가 됩니다. 그리고 50명짜리 단체 표를 살 경우의 요금은 $3500 \times 50 \times 0.8$이 되지요. 어느 것이 더 절약되는지는 부등식을 세워 보면 알 수 있습니다.

🐮 부등식을 이용하면 됩니까?

😀 그렇습니다. 낱장으로 살 경우가 50명 단체 할인 표를 살 경우보다 더 작은 값이 되려면 몇 명 이상이 되는지를 보면 됩니다. 부등식을 세우면 $3500 \times x > 3500 \times 50 \times 0.8$이 됩니다. 이를 계산하면 $x > 40$이 되고, 학생 수가 40명을 넘으면 단체 할인 가격보다 낱장으로 사는 가격이 더 커지므로 41명부터는 개인 표보다 단체 표를 사는 게 저렴합니다. 그러니까 39명인 경우에는 개인 표를 사는 것이 단체 표보다 더 유리하지요.

🐮 실제로 지출해야 하는 요금은 얼마가 됩니까?

😀 50명 단체 가격 +39명 낱장 가격이므로 $(3500 \times 50 \times 0.8) + (3500 \times 39) = 140,000 + 136,500 = 276,500$달란입니다.

단체 표 두 장을 사는 경우엔 140,000의 두 배인 280,000달
란이므로 단체 표와 개인 표를 합해서 사는 것이 단체 표 두
장을 사는 것보다 3,500달란 적게 내는 것이 됩니다.

 매쓰 변호사가 계산하느라 수고 많았습니다. 그렇다면 학교에
서는 학부모들의 부담을 줄이기 위해 노력했다고 볼 수 있군
요. 그러므로 원고 측은 학교의 뜻에 따를 것을 판결합니다.

재판이 끝난 후, 할인된 가격으로 소풍을 보낼 수 있게 된 나예리
씨는 수학법정에 학교를 고소한 자신의 경솔함을 후회했다. 그래서
그녀는 모든 선생님들의 점심 도시락을 손수 만들었다.

할인 요금

정가가 a원인 상품에서 k% 할인되었다면 $a \times \dfrac{k}{100}$ 원만큼 값이 내린 것을 의미한다. 이때 할인가는
$a - a \times \dfrac{k}{100} = a \times (1 - \dfrac{k}{100})$가 된다.

택배비를 아끼기 위해
회원 가입을 해야 할까요?

가입비 10,000달란을 낸 나꼼꼼 씨는
과연 몇 권의 책을 사야 이익을 볼 수 있을까요?

사건속으로

나꼼꼼 씨는 수학을 전공하는 대학교 2학년 학생이
다. 그는 매사에 그냥 대충 넘어가는 일이 없다. 또
한 짠돌이로도 유명하다. 1학년 새내기 때는 학과
선배들을 찾아다니며 밥을 얻어먹기 일쑤였다. 학과 선배뿐만 아니
라 각종 동아리와 학회, 소모임 등에 가입하여 선배들에게 얻어먹
은 밥값을 합치면 등록금을 하고도 남을 정도였다. 게다가 친구들
이 점심을 먹고 있으면 자기 음식은 시키지 않고 빈대 붙기도 그의
특기였다. 친구들은 그에게 언제 한 번 꼭 얻어먹고야 말겠다고 벌
렀으나 그럴수록 되레 더 크게 사 줘야 했다.

2학년이 된 그는 잽싸게 모든 동아리에서 탈퇴하였다. 혹시라도 후배들이 자신에게 밥을 사 달라고 조를까 싶어서였다. 이 정도 되자 주변 사람들은 그를 모두 싫어하게 되었다. 아마도 누군가 그에 대해 묻는다면 이렇게 대답할 것이다.

"그 짠돌이? 말도 마세요. 말하고 싶지 않아요!"

"주는 게 있으면 십분의 일이라도 돌아와야 사 줄 맛이 나지. 이 거는 만날 얻어먹기만 하니…… 대인 관계는 정말 꽝인 애죠!"

"꼼꼼이? 아, 그 왕빈대?"

이 외에도 더 심한 말들이 나올 게 뻔하다. 그는 2학년이 되자 전 공 책과 교양 책들이 필요했다. 1학년 때처럼 선배들에게 책을 빌 릴 요량으로 여기저기 전화를 걸었다. 하지만 그에게 좋지 못한 감 정을 가진 선배들이 그의 전화를 받을 리 없었다. 모두들 그를 피하 자 그는 어쩔 수 없이 책을 구입해야 했다. 벼룩시장의 중고 책들은 이미 발빠른 학생들이 모조리 사 갔다. 꼼꼼 씨는 아예 중고 책도 구입하지 않을 생각이었기 때문에 벼룩시장은 둘러보지도 않았던 것이다.

'휴! 책을 내 돈으로 사야 하다니…… 아깝다!'

울며 겨자 먹기로 전공 책을 구입하기 위해 대형 서점에 갔다. 책 은 생각보다 꽤 비쌌다.

"어라? 한 권에 20,000달란이나 하네. 세 권이나 사야 하는 데…… 60,000달란? 말도 안 돼! 그 돈이면 돈가스, 통닭, 떡볶이가 몇 인분이야? 오우!"

그때 옆에서 책을 고르던 대학생으로 보이는 두 명의 여자가 하는 얘기가 들렸다.

"지윤아, 우리 책 여기서 사지 말자. 너무 비싸다. 영미가 그러는데 '넷문고'라는 인터넷 서점이 싸다고 하던데…… 거기서 주문하자!"

"근데 인터넷은 어차피 배송료가 들잖아."

"뭐, 그래도 오프라인 서점보다는 싸지 않을까?"

"그런가?"

꼼꼼 씨는 귀를 쫑긋 세우고 그들의 대화를 엿들었다.

'넷문고?'

사려던 책을 자리에 꽂아 두고 서점을 나섰다. 그는 집에 오자마자 컴퓨터 앞에 앉았다. 검색창에 '넷문고'를 치자 사이트가 연결되었다. 그리고 팝업창이 떴다.

연회비 10,000달란이면 배송료가 반값!!

꼼꼼 씨는 연회비 10,000달란이라는 게 좀 걸리기는 했지만 반값이라는 문구에 솔깃했다.

'10,000달란? 너무 비싼데. 그래도 배송료가…….'

그러나 자기도 모르게 이미 마우스는 회원 가입을 클릭하고 있었다. 가입을 하고 나서 필요한 전공 책 세 권을 구입하였다. 배송료는 정말 1,500달란이었다.

'와우! 정말 싸게 산 것 같아. 흐흐흐!'

꼼꼼 씨는 배송된 새 책들을 가지고 학교에 갔다.

"우아! 짠돌이 네가 웬일로 새 책이야? 해가 서쪽에서 뜨겠다. 하하하!"

"꼼꼼이, 너 복권이라도 당첨된 거야? 이 책들 어디서 났어? 새 책인 것 같은데, 혹시 훔친 거?"

학교 친구들의 반응은 모두 하나같았다. 친구들은 꼼꼼 씨의 새 책을 보고 깜짝 놀랐다.

"책은 원래 새 책을 봐야 공부가 잘되지!"

꼼꼼 씨는 으름장을 놓으며 고개를 하늘 높이 쳐들었다.

"너, 이 책들 정말 네 돈으로 산 거야?"

"당연하지!"

"어느 서점에서? 왠지 네가 책을 산 서점이 이 세상에서 가장 쌀 것 같은데? 흐흐흐!"

"물론!"

"정말? 어디야?"

"그냥 공짜로 알려줄 수 없는데……."

"커피 한 잔! 오케이?"

"좋아! 특별히 너한테만 알려줄게."

꼼꼼 씨는 친구 기심이에게 '넷문고' 사이트를 알려주었다. 입이 가볍기로 소문난 기심이는 금방 소문을 냈고, 친구들도 너 나 할 것 없이 가입을 하였다. 꼼꼼 씨는 다음 학기에도 전공 책을 살 때 '넷문고'를 이용하였다. 그러던 어느 날 기심이가 꼼꼼 씨에게 다가와 말했다.

"꼼꼼아, 네 덕분에 '넷문고'에서 책 무지 싸게 왕창 샀다. 하하하!"

"그럼 밥이라도 사야 할 거 아냐?"

"쳇! 그때 커피 마셨잖아."

"자판기? 네가 나보다 더 짠돌이다."

순간 꼼꼼 씨는 곰곰이 생각해 보았다.

'나는 일 년 동안 총 여섯 권의 책을 샀는데…… 왠지 내가 손해 본 느낌이야. 가입비는 10,000달란씩이나 냈는데…….'

꼼꼼 씨는 '넷문고' 홈페이지에 들어갔다. 그리고 1대1 고객 상담을 신청했다.

고객 도우미: 고객님! 무엇을 도와 드릴까요?

ID) 꼼꼼: 가입비 환불해 주세요.

고객 도우미: 오늘 가입하셨습니까? 일주일 안에만 가입비 환불이
　　　　　　 가능합니다.

ID) 꼼꼼: 일 년 되었는데요?

고객 도우미: 죄송합니다만, 일 년이 경과되어 환불이 불가능합니다.

ID) 꼼꼼: 그런 게 어디 있어요? 저는 여섯 권밖에 구입하지 않아서 오히려 손해를 봤다고요! 환불해 주세요!

고객 도우미: 고객님, 죄송합니다.

ID) 꼼꼼: 죄송하다는 인사 받으려는 게 아니라, 환불이나 해 주세요.

고객 도우미: 고객님, 죄송합니다.

고객 도우미는 같은 말만 반복하였다. 그리고 저절로 1대1 고객 상담 창이 닫히고 말았다. 화가 잔뜩 난 꼼꼼 씨는 이번엔 '넷문고' 홈페이지에 나온 대표 전화로 전화를 했다.

"여보세요?"

"네, 고객님 정성을 다하는 '넷문고'입니다."

"저, 가입비 환불해 주세요. 가입한 지 1년이 되었는데 여섯 권밖에 구입하지 못했어요. 어서 환불해 주세요."

"고객님 죄송합니다만……."

전화 상담도 마찬가지였다. 꼼꼼 씨는 상담원에게 화를 냈다.

"이봐요, 아까 1대1 고객 상담에서도 똑같은 소리나 하고! 지금 장난합니까? '넷문고'를 지금 당장 수학법정에 고소하겠어요! 그리고 인터넷에 사기라고 올리겠어요!"

"고객님, 진정하시고요. 저희 규정이라 어쩔 수 없습니다. 게다가 고객님께서 이미 책을 구입하신 적이 있기 때문에…… 죄송합니다."

뚜우우우…….

화가 난 꼼꼼 씨는 먼저 전화를 끊었다. 그리고 인터넷에 불만의 글을 올린 후, 수학법정으로 가서 가입비를 환불해 주지 않은 '넷문고'를 고소하였다.

인터넷 서점을 통해 주문한 책의 수를 x라 할 때
$3000x > 1500x + 10000$의 부등식을 풀면 최소한 7권의 책을
샀을 때 이익이 생기는 것을 알 수 있습니다.

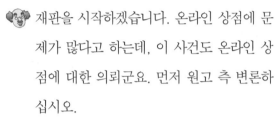

여기는 **수학법정**

일 년 동안 총 여섯 권의 책을 샀는데 가입비는 10,000달란, 과연 현명한 선택이었을까요?
수학법정에서 알아봅시다.

재판을 시작하겠습니다. 온라인 상점에 문제가 많다고 하는데, 이 사건도 온라인 상점에 대한 의뢰군요. 먼저 원고 측 변론하십시오.

온라인 서점 '넷문고'에서는 배송료를 반값만 받는다는 말로 사람들로 하여금 회원 가입을 하도록 유혹했습니다. 원고도 회원 가입을 하고 10,000달란이라는 거금을 가입비로 지불했습니다. 하지만 가입비 액수가 너무 커서 일 년 동안 주문한 책의 배송료를 할인받은 것보다 가입비가 더 많았습니다. 가입비가 너무 비싸, 책을 대량으로 주문해야 하는 직업을 갖지 않은 일반인에게는 오히려 더 비싼 요금을 지불하게 한 셈이죠. 인터넷 서점 '넷문고'는 사람들에게 저렴한 배송료로 책값을 아낄 수 있다고 속여서 고객들로부터 부당한 돈을 챙긴 겁니다. 따라서 원고뿐 아니라 다른 피해자가 많을 것으로 판단됩니다. 인터넷 서점 '넷문고'는 원고에게 가입비를 환불해 줄 것을 요구합니다.

과연 서점 측이 사람들을 속였다고 할 수 있을까요? 가입을

하는 것은 선택 사항이 아닌가요?

물론 선택 사항이지만 보통 사람들은 배송료를 할인해 준다는 말에 속아 넘어가고, 실제로 지불하는 돈은 가입비 때문에 아주 많아진다는 겁니다. 이것이 사기가 아니고 무엇입니까?

아무튼 지금까지의 내용으로는 사기라고 판단하기에 충분히 납득이 가지 않는군요. 수치 변호사의 뜻을 알았으니 피고 측 변론을 들어 보도록 하겠습니다.

온라인 서점 '넷문고'는 강제적인 단체가 아닙니다. 일 년 동안 책을 많이 보지 않는 사람들이나, 가입비가 비싸다고 판단되면 회원 가입을 하지 않고 책을 주문할 수도 있고, 책을 많이 주문하는 사람에게는 오히려 좋은 혜택이라고 생각합니다. 이 사건은 원고의 판단이 잘못된 것입니다. '넷문고'에서 고객 서비스를 위해 할인 행사 하는 것을 이렇게 모함하는 것은 잘못입니다.

책을 대량으로 주문하는 사람에게는 더할 나위 없이 좋은 혜택이긴 합니다만, 책을 몇 권 정도 살 때부터 배송료를 절약했다고 할 수 있을까요?

한두 권 정도만 구입할 거면 가입을 하지 않는 것이 좋겠지요. 하지만 권수가 많아질수록 배송료 혜택은 커질 것입니다. 따라서 많은 책을 주문할 경우는 가입비를 내는 것이 좋겠지요. 몇 권 주문할 때부터 할인 혜택을 볼 수 있을지는 계산해 보면

됩니다. 계산 과정에 도움 주실 분을 모셨습니다. 도서문화예
술회관 소장님이시자 수리학 박사님이신 한정독 님을 증인으
로 요청합니다.

🤡 증인 요청을 받아들이겠습니다.

50대 초반으로 보이는 깔끔한 차림의 남성이 한 손에
는 계산기를 들고, 다른 한 손에는 두꺼운 책 두 권을 들
고 들어왔다.

🧑 '넷문고'에 회원 가입을 한 사람은 가입비 10,000달란을 내
고 배송료를 반값에 할인받도록 하고 있습니다. 가입비를 지
불하고 책을 주문할 경우 책을 몇 권 이상 사야 이익이 되는지
알아볼 수 있습니까?

🧑 부등식을 이용하면 쉽게 해결됩니다. 주문한 책의 수는 임의
의 수이므로 x라 둡시다. 가입을 하지 않고 책을 주문할 경우
는 배송료가 한 권당 3,000달란이므로 배송료는 $3000x$입니
다. 가입을 한 경우는 한 권당 절반 가격으로 할인된 배송료
$1500x$에 가입비 10,000달란을 합하면 $1500x + 10000$이 됩
니다. 가입을 하지 않은 경우가 가입을 한 경우보다 값이 커지
면 고객은 이득을 보았다고 할 수 있습니다. 따라서 부등식을
세우면 $3000x > 1500x + 10000$이 됩니다.

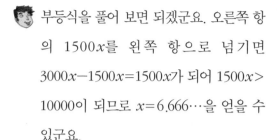

부등식을 풀어 보면 되겠군요. 오른쪽 항의 $1500x$를 왼쪽 항으로 넘기면 $3000x-1500x=1500x$가 되어 $1500x>10000$이 되므로 $x=6.666\cdots$을 얻을 수 있군요.

x의 값은 책의 수이고, 정수 값이 되어야 하므로 책을 일곱 권 이상 주문할 때부터 가입비를 내고도 이익이라고 할 수 있습니다.

부등식의 곱셈과 나눗셈

$a<x<b$, $c<y<d$일 때

① 곱셈: (최솟값)$<xy<$(최댓값)
여기서 최댓값, 최솟값은 ac, ad, bc, bd에서 고른다.
② 나눗셈: (최솟값)$<\dfrac{x}{y}<$(최댓값)
여기서 최댓값, 최솟값은 $\dfrac{a}{c}$, $\dfrac{a}{d}$, $\dfrac{b}{c}$, $\dfrac{b}{d}$에서 고른다.

일 년에 책을 여섯 권 주문할 때까지는 이득을 볼 수 없으므로 가입을 하지 않는 게 낫다고 볼 수 있겠군요. 가입을 하고, 하지 않고는 선택 사항이므로 본인의 판단에 달려 있습니다. 원고는 누구의 강요에 의해서가 아니라 본인의 판단으로 가입한 것이기 때문에, 일 년이나 지난 지금 가입비를 환불해 달라고 요구하는 것은 억지입니다. 환불해 줄 수 없습니다.

원고가 본인의 의사에 따라 가입했으므로, 이번 사건은 원고에게 책임이 있다고 판단되며, 이미 일 년이라는 시간이 지났기 때문에 환불은 무리한 요구라고 봅니다. 피고 측의 부등식 결과 일곱 권 이상 책을 살 경우 할인 혜택을 볼 수 있다고 하니, 다음부터는 회원 가입을 하기 전에 충분히 생각한 뒤 잘 판단해서 해야겠습니다. 이상으로 재판을 마치겠습니다.

판결 후에도 나꼼꼼 씨는 자신이 낸 가입비가 너무 아까웠다. 그래서 다음 해에는 꼭 책을 일곱 권 이상 사서 이익을 보겠다고 다짐했다.

남자를 더 보내 주었어야죠

남자와 여자를 각각 몇 명씩 고용해야
하루 만에 일을 끝낼 수 있을까요?

인형 회사로 유명한 '베어 마켓'에서는 독특한 인형
들을 매년 출시하였다. 처음에는 곰 인형 위주였으
나 점차 종류를 늘려 곤충, 파충류 등 여러 종류의
인형을 만들었다. 그리고 이것들은 아이들과 어른들 모두에게 인기
가 있었다.

올해는 대학생들을 상대로 인형 디자인을 공모하기로 했다. 생각
보다 많은 학생들이 응모하여, 베어 마켓에서는 이를 두고 회의가
열렸다. 홍보부장이 제일 먼저 입을 열었다.

"현재 저희 회사 공모전에 500여 명의 대학생들이 응모하였습니다. 다들 독특한 아이디어와 디자인이 돋보이는 작품들이었습니다. 물론 개중에는 진부한 디자인도 있었지만요. 아무튼 수많은 작품 중에서 다섯 개의 후보 작품을 뽑아 보았습니다. 먼저 첫 번째는 돼지 모양의 인형입니다. 돼지는 '복덩어리'라는 의미가 있어 어른들에게도 인기가 좋을 것 같습니다. 분홍색의 귀여운 돼지 인형은 기본적인 인기가 예상됩니다. 최대한 동그랗게 만드는 것이 포인트입니다. 다음으로는 메뚜기 인형입니다. 초록색 메뚜기 인형은 아직까지 출시된 적이 없어 조금은 생소하지만, 신선한 아이디어 같습니다. 꼬리를 누르면 폴짝 뛰는 것도 좋은 발상입니다. 세 번째 작품은 흔하지만 강아지 인형입니다. 강아지 인형은 시리즈로 작게 만들 계획입니다. 애완용으로 선호하는 강아지들의 종류가 있지 않습니까? 일명 족보 있는 강아지들의 미니어처 인형을 만드는 겁니다. 인형 안에 첨단 장치를 집어넣어 머리를 톡 치면 각 종류별로 강아지 울음소리를 내게 하는 것도 좋을 듯합니다. 네 번째는……."

그때 갑자기 기획팀장이 손을 들었다.

"제 생각으로는 저런 아마추어들의 아이디어보다는 전문 디자이너들의 작품을 제작하여 출시하는 것이 좋다고 생각합니다. 안 그래도 유명한 엉드레 정 선생님께 자문을 구해 멋진 인형 디자인을 준비해 왔습니다. 하하하!"

홍보부장은 기가 막혔다. 며칠 동안 아이디어 공모를 하고 선정하여 기획한 것인데, 그동안 아무 말도 하지 않고 있다가 이제 와서 한순간에 자신의 계획을 무너뜨리려는 기획팀장이 너무 얄미웠다.

"럭셔리 베어라고, 100% 수작업으로 온갖 진귀한 보석과 비즈로 장식한 인형을 만드는 겁니다. 물론 가격도 아주 최고가로 잡아 상류층 사람들의 전시용, 또는 가시용 인형을 만들자는 것이지요. 예를 들면 곰 인형의 코에 다이아몬드를 박는다든지…… 하하하, 어떻습니까? 정말 대단하지 않습니까?"

홍보부장은 기획팀장 아이디어에서 꼬투리를 잡아 자신의 기획안을 다시 밀고 나가야겠다고 생각했다.

"그런데 그 비싼 곰 인형을 누가 삽니까?"

"당연히 홍보부장님 같은 분은 꿈도 못 꾸죠. 럭셔리를 위한 럭셔리 곰 인형이니까요! 그리고 이번 곰 인형은 우리 회사 창립 23주년을 기념하기 위해 23개만 한정판으로 만들자는 것이 제 의견입니다. 이미 내일 하루 동안 23개를 수작업으로 만들겠다고 방송사에 광고를 해 놓은 상태예요. 방송사에서도 내일 아침부터 와서 현장을 촬영하기로 했고요. 어때요, 재미있는 이벤트죠?"

"아무리 럭셔리라고 해도 어느 정도지, 다이아몬드를 코에 달다니요?"

"하하하, 우리 홍보부장님이 저에게 개인적으로 감정이 상하셨다면 사과드리죠. 하지만 이것은 공식적인 회의 자리입니다. 여러분, 제가 제안한 23주년 기념 럭셔리 곰 인형이 좋겠습니까, 아니면 별

의미도 특징도 없는 아마추어들의 인형이 낫겠습니까?"

회의에 참석한 사람들은 골똘히 생각에 빠졌다. 기획팀장이 홍보부장의 기획안을 엎은 것은 좀 마음에 걸렸지만 나름 괜찮은 생각이었다. 가장 나이 많은 영업팀장이 입을 열었다.

"나는 기획팀장의 의견에 동의합니다. 럭셔리라서 단가도 비싸고 수작업이라 시간도 걸리겠지만, 23주년의 의미가 부여된 인형으로서는 꽤 괜찮은 생각 같습니다."

영업팀장의 말에 모두들 고개를 끄덕이는 가운데 단 한 사람, 홍보부장만 한숨을 크게 내쉬었다.

"자, 그럼 제 기획안을 통과시키겠습니다. 우선 가장 시급한 것은 내일 수작업을 해야 한다는 점입니다. 제가 조사한 바로는 보석들을 인형에 장식하는 것은 아주 섬세하고 또 정교한 작업입니다. 남자한 명이 하면 10일이 걸리고, 여자 한 명이 하면 15일이 걸립니다. 우리가 생각하던 것과는 반대로 오히려 남자들이 세밀한 작업을 더 빠르게 해냈습니다. 그런데 지금 저희 기획안과 비슷한 안이 경쟁회사인 타이거 마켓에서도 진행 중이라고 들었습니다. 그러므로 지금 중요한 건 바로 스피드! 최소한의 인원으로 큰 효과를 내는 것이 목표입니다. 홍보부장님께서는 저를 도와주셨으면 합니다."

"네? 제가 잘나신 기획팀장님을 어떻게 도와드릴 수 있겠습니까?"

마음이 상한 홍보부장이 비꼬는 말투로 말했다.

"설마 아직도 삐치신 건 아니죠? 아이디어 공모에 응시했던 대학생들을 중심으로 내일 하루 동안 일할 직원을 구해 보세요. 남녀 섞어서 13명 정도? 뭐, 힘드시면 인력 회사에 맡겨도 되고요. 그럼 오늘 회의는 이만 마치겠습니다."

홍보부장은 심기가 불편했다. 안 그래도 뾰로통해 있는 아이에게서 물고 있던 사탕을 빼앗은 거나 마찬가지였다. 인력 회사에 맡겨도 될 일을 자신에게 맡기는 기획팀장이 정말 싫었지만, 공과 사는 확실히 구별해야 했기에 꾹 참았다. 그리고 인력 회사에 전화를 걸었다.

"여보세요?"

"정직 인력 회사입니다. 무엇을 도와드릴까요?"

"베어 마켓이라고 합니다. 일할 사람이 13명 정도 필요해서 그러는데요."

"무슨 일이신데요?"

"자세히 말씀드릴 수는 없습니다. 아주 꼼꼼하고 세밀한 일이라는 점만 말씀드리겠습니다."

"네, 그럼 성별은 어떻게 해서 보내드릴까요?"

"뭐, 그건 알아서 적당히 섞어 보내 주세요. 내일 오전 9시까지 베어 마켓 본사 3층 홍보실로 보내 주세요."

다음 날, 아르바이트생들이 회사로 들어왔다. 홍보실 탁자 위에는 휘황찬란한 보석들과 곰 인형들이 놓여 있었다. 기획팀장이 아르바이트생들을 모아 놓고 말했다.

"지금부터 제가 드리는 디자인 북을 보시고 이 보석들을 그대로 달아 놓으시면 됩니다. 무엇보다, 정교하고 꼼꼼하게 작업하셔야 합니다. 특히 중요한 건 무슨 일이 있어도 오늘 안에 일을 마무리하셔야 한다는 점입니다."

13명의 아르바이트생들은 방송사 카메라 앞에서 디자인 북을 보며 수작업으로 럭셔리 베어를 만들었다. 그런데 오전 9시부터 시작한 작업은 그날 밤 12시를 넘어서도 완성하지 못했다. 결국 이벤트는 실패로 돌아갔고, 베어 마켓은 이 일로 매출에 큰 타격을 입게 되었다. 그러자 베어 마켓 측은 이번 일이 인력 회사가 남자를 너무 적게 보내 주었기 때문이라며 인력 회사를 수학법정에 고소하였다.

남자와 여자가 어느 정도의 속력으로 일하는가를
파악하면 필요한 남자와 여자의 인원수를
정할 수 있습니다.

여기는 수학법정

아르바이트생 13명 중 몇 명을 남자로 고용하면 하루 안에 일을 끝낼 수 있을까요?
수학법정에서 알아봅시다.

재판을 시작하겠습니다. 피고 측 변론하십시오.

베어 마켓에서는 인력 회사에 인형 만드는 작업을 할 아르바이트생을 의뢰했습니다. 베어 마켓 측에서 13명의 인력을 부탁했고, 인력 회사는 남자 3명, 여자 10명을 보내 주었습니다. 그런데 베어 마켓 측은 하루 동안 인형 23개를 만들지 못한 책임을 인력 회사에 묻고 있습니다. 고용한 사람 수가 적어서 끝내지 못한 책임을 인력 회사 측에 물으면 안 되는 것 아닌가요? 처음부터 13명보다 더 많은 인원을 고용했었어야죠. 인력 회사 측에서는 고객의 요구 조건에 모두 맞춰 주었으므로, 인력 회사 측에 책임이 있다고 볼 수 없습니다.

13명이 하루 동안 일을 끝낼 수 있는 방법은 없었나요?

인력 회사에서 보내 준 사람들은 다들 성실했기 때문에 게으름을 피우거나 일이 서툴지 않았습니다. 좀 더 많은 사람을 고용했다면 일이 하루 만에 모두 끝났겠지요.

원고 측 변론을 들어 보겠습니다. 무엇이 잘못된 겁니까?

베어 마켓 측에서는 인력 13명으로 충분히 가능한 일이었다고 봅니다. 인력 회사에서는 남자를 3명밖에 보내지 않았습니다. 여자와 남자를 합해서 13명을 보내 달라고 했더니 인력 회사에서는 남자를 3명만 보내 주었습니다. 남자가 여자보다 일을 훨씬 잘하기 때문에 남자가 많은 것이 유리하지요. 만약 13명 중 남자가 3명보다 더 많았다면, 13명으로도 충분히 하루 안에 일을 끝낼 수 있었을 겁니다.

남자가 3명밖에 안 돼서 일을 못 끝냈다는 말이군요. 그럼 남자가 몇 명이면 끝낼 수 있었을까요?

인형 만드는 일에 필요한 인원수를 계산하는 데 도움 주실 분을 모셨습니다. 부등식설립제단의 이사장이신 더클수 님을 증인으로 신청합니다.

증인 요청을 받아들이겠습니다.

자기 몸보다 큰 옷을 걸치고 큰 신발을 신은 50대 초반의 남자는, 얼굴을 덮을 만큼 큰 안경을 쓰고 증인석으로 나왔다.

하루 동안 13명의 남녀 아르바이트생이 일을 끝낼 수 있는 방법이 있습니까?

남자와 여자가 일하는 속도를 파악해서 계산해 보면 가능한 일이지요. 남자와 여자의 일의 속도는 각각 어느 정도입니까?

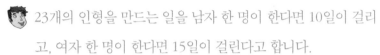 23개의 인형을 만드는 일을 남자 한 명이 한다면 10일이 걸리고, 여자 한 명이 한다면 15일이 걸린다고 합니다.

남자의 인원이 많으면 일을 빨리 끝낼 수 있겠군요. 그렇다면 남자의 수를 x로 둡시다. 그럼 여자는 13명에서 남자의 수를 빼면 되지요. 남자들이 하루 동안 하는 일의 양은 $\frac{x}{10}$이고, 여자들이 하루 동안 하는 일의 양은 $\frac{13-x}{15}$입니다. 두 값을 합해서 하루보다 크거나 같아야 충분히 하루 안에 끝낼 수 있겠지요? 따라서 부등식을 세우면 $\frac{x}{10}+\frac{13-x}{15}\geq1$입니다. 그럼 계산해 볼까요?

계산식이 복잡해 보이니 먼저 두 항을 더해야겠군요. 그러려면 분모를 통분해야겠는데요.

맞습니다. 분모를 통분하면 $\frac{15x+10(13-x)}{150}\geq1$이 됩니다. 다음은 150을 양변에 곱해 주고 괄호의 값을 분배 법칙을 사용하여 풀어 보면 $5x+130\geq150$이 되지요. 양변에서 130을 빼면 $5x\geq20$이 되어 $x\geq4$를 얻을 수 있습니다.

x값이 남자의 인원수이므로 남자가 4명 이상이면 일을 끝낼 수 있다는 말이군요. 인력 회사에서 남자 3명만 보내 주었기 때문에 일을 제대로 마칠 수 없었다는 것이 확인되었습니다. 때문에 인형 작업에 대한 손실을 인력 회사에서 책임지고 배상할 것을 요구합니다.

남자와 여자가 어느 정도의 속력으로 일하는가를 파악하면 필요한 남자와 여자 인원수를 정할 수 있겠군요. 인력 회사 측에서 남녀의 능력을 파악한 뒤 보냈다면 좋았을 걸 그랬군요. 변론을 통해, 베어 마켓에서 입은 손실을 인력 회사에서 배상해야 한다고 판단됩니다. 인력 회사에서는 앞으로 사람을 보낼 때 그 사람의 능력을 고려하여 일을 맡길 필요가 있겠습니다. 이상으로 재판을 마치겠습니다.

재판이 끝난 후, 인력 회사는 판결대로 베어 마켓에서 입은 손실을 배상했다. 그 사건 이후 인력 회사는 의뢰를 받을 때, 무슨 일을 하려는 것인지 꼼꼼히 묻고 사람을 보내 주었다.

 절댓값이 있는 부등식

① a가 양수일 때 $|x|<a$의 해는 $-a<x<a$
　예] $|x|<3$의 해는 $-3<x<3$
② a가 양수일 때 $|x|>a$의 해는 $x>a$, $x<-a$
　[예] $|x|>2$의 해는 $x>2$, $x<-2$

시장 선거

바다 속에 빠진 투표함의 결과에 따라
시장이 바뀔 수 있을까요?

과학공화국 로디아시는 시장 선거를 위한 후보들의
유세로 시끌벅적했다. 후보 1번은 '페르몬' 이라는
향수 회사 사장이었다. 그는 외모에서부터 신비로
운 느낌이 물씬 피어났는데, 황금빛 머리와 짙은 쌍꺼풀은 느끼한
분위기와 함께 백마 탄 왕자를 연상시켰다. 나이도 20대의, 젊은
후보자였다. 페르몬은 언제나 좋은 향기를 풍기며 돌아다녔고, 사
람들은 그를 페르몬 왕자라고 불렀다.

오늘은 합동 유세가 있는 날이다. 세 후보들이 유세장에 모여 있
는 사람들에게 자신을 홍보할 수 있는 마지막 기회였다. 사회자가

후보들을 소개하기 시작했다.

"첫 번째 후보는 기호 1번 페르몬 씨입니다."

페르몬은 찰랑거리는 머리를 흔들며 살인미소를 날렸다. 그리고 마이크를 잡고 기름진 윙크를 보냈다.

"여러분 안녕하세요. 기호 1번 페르몬입니다. 저를 지지해 주신다면 우리 로디아시를 저처럼 향기가 가득한 시로 만들겠습니다. 누구에게서나 좋은 향기가 나도록 노력할 것입니다. 가난한 사람들에게서도 오묘하고 달콤한 향이 날 것입니다. 배불리 먹고, 따뜻하게 살 수 있도록 할 것입니다. 기호 1번을 기억해 주십시오!"

유세장에 모여 있던 사람들이 환호성과 함께 박수를 쳤다.

"완전 꽃미남! 멋있다!"

"기호 1번 페르몬 파이팅!"

분위기는 기호 1번에게로 몰리는 듯했다. 곧이어 유세장의 문이 열리더니 황금 마차가 들어왔다. 그리고 마차에서 수천 장의 전단지가 뿌려졌다. 종이를 받아든 사람들이 무엇인지 살펴보았다. 그때 마이크에서 우렁찬 목소리가 울려 퍼졌다.

"다음은 기호 2번 엑시우스 후보입니다."

"안녕하십니까, 여러분! 저는 기호 2번 엑시우스입니다. 그동안 저는 다른 후보들처럼 향기를 뿌리고 다니거나, 말로만 가난한 사람들을 위하겠다고 하지 않았습니다. 직접 몸으로 사랑을 실천해 왔습니다. 여러분은 전단지를 통해 지금까지 고아원과 양로원에서 꾸준히 봉사 활동을 한 제 모습을 확인하실 수 있을 것입니다. 제가 시장이 되기 위해 의도적으로 봉사를 해 온 것은 절대 아닙니다. 봉사는 마음에서 우러나와야 하는 것 아니겠습니까? 저의 선행을 참고하시어 과연 어떤 후보가 우리 과학공화국 로디아시의 시장이 될 만한 사람인지 판단하시기 바랍니다. 기호 2번 엑시우스였습니다. 감사합니다."

엑시우스는 최대한 공손하게 인사한 뒤 무대 뒤로 사라졌다. 사람들은 전단지를 유심히 살펴보았다.

"정말 좋은 일을 많이 하는 사람이네."

"마음이 따뜻한 사람인 것 같아."

아이들을 안고 밥을 먹여 주는 사진과 양로원에서 봉사하는 모습이 사람들의 마음을 조금씩 움직였다. 드디어 사회자가 마지막 후보를 호명했다.

"세 번째 후보는 매씨우스입니다."

"……."

사회자의 힘찬 소개에도 아무런 반응이 없었다. 당황한 사회자는 매씨우스가 어디 있는지 눈으로 찾았다.

"음, 매씨우스 후보는 오늘 합동 유세에 나오지 않은 것 같습니다. 지금까지도 별다른 홍보 활동이 없었던 것으로 아는데요. 시장에 당선이 되겠다는 건지 말겠다는 건지 모르겠군요. 의지가 없는 건가요? 그럼 여기서 합동 유세를 마치도록 하겠습니다."

매씨우스는 지금까지 한 번도 유세장에 나간 적이 없었다. 원래 강직하고 과묵한 그의 성격으로 미루어 보아 어찌 보면 당연한 일이었다. 그가 후보로 나오게 된 것도 자기 자신의 의지보다는 그를 지지하는 사람들에게 등 떠밀려 나온 것이었다. 그에게 시장이라는 자리는 아무런 의미가 없었다.

드디어 선거 날이 되었다.

"여러분, 오늘은 선거 날입니다. 여러분의 귀중한 한 표를 행사하시기 바랍니다. 우리 마을의 유권자는 48명입니다. 우리 마을 부속 섬에 사는 사람들을 제외한 27명이 먼저 투표를 하도록 하겠습니다. 한 명도 빠짐없이 투표에 참가하시기 바랍니다."

마을 사람들은 소신껏 투표를 했다. 페르몬과 엑시우스, 매씨우스는 투표 본부에 앉아서 초조하게 결과를 기다렸다. 페르몬의 잘난 척이 슬슬 발동 걸리기 시작했다.

"엑시우스, 이번 선거 유세가 너무 유치한 거 아닙니까? 자원 봉사라…… 정말 꾸준히 몇 년 동안 해 온 거 맞습니까?"

"뭐라고?"

엑시우스는 발끈하여 페르몬에게 다가갔다.

"이상한 향기나 뿜고 다니는 주제에…… 그 향기로 사람들을 홀리려는 거 아닌가? 유치하기는 네가 더 유치하다!"

두 사람은 금방이라도 서로 치고받고 싸울 기세였다. 그때 가만히 눈을 감고 앉아 있던 매씨우스가 자리에서 일어났다.

"이보게들, 조용히 좀 하게! 누가 되든 간에 시장이 되어 마을을 잘 이끌어 나가면 되는 거 아닌가? 왜 이리 소란을 피우나? 으흠!"

매씨우스는 뒷짐을 지고 창밖을 바라보았다. 나머지 후보들은 그의 침착한 태도에 멋쩍어하며 자신들의 자리로 돌아가 앉았다. 그때 페르몬의 비서가 들어왔다.

"페르몬 님, 드디어 투표 결과가 나왔습니다. 밖으로 나가시죠."

페르몬과 엑시우스는 서로 티격태격하며 강당으로 향했다. 매씨우스도 그들의 뒤를 따라 천천히 걸어 나갔다. 강당에서는 사회자가 투표 결과를 발표하고 있었다.

"여러분, 섬 유권자들을 제외한 27명의 투표 결과가 나왔습니다. 기호 1번 페르몬 후보 5표!"

엑시우스는 웃음을 터뜨렸다.

"하하하하! 페르몬, 5표가 뭔가? 아, 내가 다 창피하구먼. 자네 가족들이 찍은 건가 보네. 하하하!"

"뭐요? 쳇!"

페르몬은 기분이 몹시 상한 듯 자리에서 일어나 강당을 나갔다. 사회자는 엑시우스의 웃음소리가 그치자 발표를 계속했다.

"기호 2번 엑시우스 14표, 기호 3번 매씨우스 8표입니다. 아직 섬 유권자들의 표가 개표되지 않아서 완전한 투표 결과는 아닙니다. 조금만 더 기다려 주십시오. 현재 투표함이 오고 있는 중입니다. 한 시간 정도 후면 새로운 시장이 발표될 것입니다. 너무 떨리는 순간입니다."

섬에서 투표함이 건너오고 있었다. 그런데 갑작스러운 파도로 인해 그만 투표함이 바다에 빠지고 말았다. 사람들이 급하게 투표함을 건져 올렸지만 투표용지는 이미 젖어서 알아볼 수가 없었다.

"큰일 났습니다. 투표함이 이송 도중 물에 빠져서 투표 결과를 알 수 없게 되었습니다. 헉헉!"

투표함을 가지러 갔던 담당자가 물에 흠뻑 젖은 채 강당으로 들어와 숨을 헐떡거리며 말했다. 마을 사람들과 후보자들은 난감해했다. 그때 엑시우스가 자리에서 벌떡 일어났다.

"뭐, 제 입으로 이런 말하기는 그렇지만, 지금 제가 14표라면 결과야 불 보듯 뻔한 것 아니겠습니까? 어차피 대세는 결정이 났습니다. 제가 시장이 된 것 같은데…… 허허허!"

엑시우스는 강단으로 올라가며 거드름을 피웠다. 그러자 매씨우스가 자리에서 조용히 일어나 말했다.

"저기, 그렇지 않습니다. 섬사람들의 투표 결과에 따라 최종 결과가 달라질 수 있습니다."

"쳇! 매씨우스, 당신도 어쩔 수 없군요. 권력에 관심 없는 척은 다하더니 지금 자기가 시장이 될 수 있다고 말하는 걸 보니…… 참나, 내숭 덩어리!"

"뭐라고요? 내숭 덩어리?"

매씨우스도 더는 참을 수 없었다.

"이봐, 엑시우스! 당신을 수학법정에 고소하겠소!"

"마음대로 하시지. 나야말로 고소하겠어!"

두 사람은 앞 다투어 수학법정으로 향했고, 서로를 고소하기에
이르렀다.

매씨우스를 6표 차로 앞선 엑시우스가
시장에 당선되려면 $14+x>8+21-x$가 되어야 합니다.

여기는 **수학법정**

섬사람들의 투표 결과에 관계없이 엑시우스가 당선될 수 있을까요? 수학법정에서 알아봅시다.

재판을 시작합니다. 우선 수치 변호사, 변론하세요.

물에 빠진 건 빠진 거고, 이번 일은 천재지변이니까 남아 있는 걸로만 따지면 됩니다. 그러므로 엑시우스가 시장이 되는 게 맞는다고 생각합니다.

매쓰 변호사의 의견은요?

길고 짧은 건 대 봐야지요. 만일 이런 식으로 시장을 뽑으면 섬사람들의 의견은 전혀 반영되지 않는다고 봐야 합니다. 그건 섬사람들을 같은 시의 시민으로 인정하지 않는다는 뜻도 되고요.

하지만 섬사람들의 표를 같은 비율로 놓고 보면 엑시우스가 이긴 것 아니오?

아니, 그건 위험한 생각입니다. 섬 유권자들 중 엑시우스의 표가 하나도 없을 수도 있으니까요. 섬 유권자들의 표는 총 21표입니다. 그런데 여기서 엑시우스의 뒤를 이어 2위를 달리는 매씨우스의 표만 나온다고 해 보죠. 엑시우스가 얻는 표의 수를 x라고 하면 매씨우스가 얻는 표의 수는 $21-x$가 됩니다. 그러면 엑시우스의 표는 $14+x$가 되고, 매씨우스의 표는

8+21-x가 됩니다. 그러니까 엑시우스가 이기려면 $14+x>$ $8+21-x$가 되어야 하지요. 이것을 풀어 보면 $x>7.5$가 되는데, 표의 수는 자연수가 되어야 하니까 x의 최소값은 8이 되지요. 즉 엑시우스가 8표 이상을 얻으면 엑시우스가 이기고, 7표 이하를 얻으면 매씨우스가 이깁니다. 그 결과는 아무도 모르지요.

그렇군요. 그렇다면 부등식의 이론에 근거하여 결과가 달라질 수도 있다는 점을 고려하여 섬사람들의 재투표를 결정합니다.

재판이 끝난 후, 섬사람들의 재투표를 통해 말없이 강직했던 매씨우스가 시장으로 당선되었다. 언제나 그랬듯이 매씨우스는 임기 동안 묵묵하게 시장의 맡은 바 일을 잘 처리했다.

부등식의 풀이

다음 부등식을 풀어 봅시다.

$2x{-}1 < 5$

여기서 $2x = 2 \times x$를 말합니다. 이렇게 숫자와 문자가 곱해져 있을 때는 곱하기 기호를 생략할 수 있지요. 이 부등식의 양변에 1을 더하면 $2x < 5 + 1$이 됩니다. 좌변에 있던 1이 우변으로 넘어가서 $+1$이 되었군요. 이런 것을 이항이라고 합니다.

우변을 계산하면 $2x < 6$이 됩니다. 이 식의 양변을 2로 나누어 주면 $x < 3$이 됩니다. 이것이 바로 부등식의 해입니다. 즉 x에 3보다 작은 수를 넣으면 주어진 부등식을 항상 만족하지요. 이것을 수직선에 나타내면 다음과 같습니다.

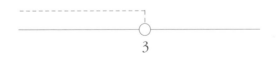

3

이번에는 다음 부등식을 봅시다.

$-x+2<3$에서 좌변의 $+2$를 우변으로 이항시키면 $-x<3-2$가 됩니다. 우변을 정리하면 $-x<1$이 되지요.

어랏! x 앞에 음의 부호가 붙어 있군요! 이런 부등식은 어떻게 풀까요?

x의 값에 몇 개의 정수를 넣어 봅시다.

x에 1을 넣으면 $-x=-1$이 되지요? $-1<1$이므로 이것은 부등식을 만족합니다.

x에 2를 넣으면 $-x=-2$가 되지요? $-2<1$이므로 이것은 부등식을 만족합니다.

마찬가지로 x에 3, 4, 5, ……를 넣으면 부등식을 만족합니다.

이번에는 x에 0을 넣어 봅시다. 그때 $-x=0$이고 $0<1$이므로 0도 부등식을 만족합니다.

x에 -1을 넣어 봅시다. $-x$는 x와 부호가 반대이므로 $-x=1$이 됩니다. 그런데 1이 1보다 작지 않으므로 이 값은 부등식을 만족하지 않습니다.

마찬가지로 x에 -2, -3, -4, ……를 넣으면 부등식을 만족하지 않습니다. 그러므로 부등식을 만족하는 정수 x의 값은 0, 1, 2,

3, ……이 됩니다.

이 값들이 어떻게 나왔는지 알아봅시다. 부등식 $-x < 1$에서 양변에 -1을 곱해 봅시다. $-x$와 -1의 곱은 x가 되고 부등식의 양변에 음수를 곱하면 부등호의 방향이 바뀌므로 $x > -1$이 됩니다. 이것이 바로 부등식의 해입니다. 이 조건을 만족하는 정수만 찾아보면 다음과 같습니다.

0, 1, 2, 3, ……

여러 가지 부등식에 관한 사건

삼각형을 유난히 좋아하는 귀족

삼각형 모양 울타리를 정말
만들 수 있을까요?

프랑스의 귀족 트리엉그르 씨는 삼각형을 유난히 좋아했다. 그래서인지 그의 주변에는 온통 삼각형 뿐이었다. 얼굴 또한 삼각형을 좋아해서 아내의 얼굴도 삼각형, 아이들의 얼굴도 삼각형이었다.

"이 세상에서 내가 가장 좋아하는 음식은 삼각 김밥! 가장 좋아하는 악기는 트라이앵글. 하하하!"

주말을 맞아 트리엉그르 씨는 모처럼 집에서 단잠을 즐기고, 주방에서는 아내 엘레나가 아이들의 간식을 만들고 있었다.

"여보, 나와서 샌드위치 좀 먹어요."

트리엉그르 씨는 아내의 목소리를 듣고 잠에서 깨 눈을 비비며 거실로 나왔다.

"샌드위치 만들었어? 난 세모나게 썰어 줘!"

"벌써 세모 모양으로 썰어 놨어요."

그는 먹는 것도 웬만하면 세모 모양으로 만들어서 먹었다. 샌드위치를 맛있게 먹던 트리엉그르 씨가 아내의 얼굴을 바라보았다.

"당신 얼굴이 왜 그 모양이야?"

엘레나 씨는 갑작스러운 남편의 말에 기분이 상했다.

"무슨 말이 그래요? 내 얼굴이 어떻다고!"

"살쪘어? 얼굴에 각이 점점 흐릿해지는데? 이러다가 계란형 얼굴 되는 거 아냐?"

"뭐 어때요? 요즘은 계란형 얼굴이 유행이라는데, 돈 안 들이고 공짜로 얼굴형 바뀌면 좋지요. 호호호!"

"안 돼!"

트리엉그르 씨는 갑자기 소리를 버럭 질렀다. 샌드위치를 먹던 쌍둥이 알랑이와 드롱이가 깜짝 놀라 아빠를 바라보았다.

"관리 좀 잘해! 난 무조건 삼각형이 좋아! 당신도 삼각형 얼굴이라 결혼한 거야!"

참으로 황당한 말이었다. 얼굴형 때문에 결혼을 하다니! 엘레나 씨는 어찌나 기가 막힌지 아무 말도 하지 못했다. 트리엉그르 씨도 잠시 흥분을 가라앉히고 이성을 찾았다. 그리고 아이들을 쳐다보며 말했다.

"뭐, 내가 꼭 삼각형이라 결혼을 한 건 아니지만…… 어쨌든 애들아, 우리는 삼각형의 뼈대 있는 가문이다. 다들 얼굴, 몸 관리 철저하게 해서 절대 둥글어지는 일 없도록! 알았지?"

"네!"

일곱 살짜리 아이들은 아무 생각 없이 넙죽 대답하였다. 엘레나는 고개를 저으며 혀를 내둘렀다.

"정말 정상은 아니야. 쯧쯧! 참, 여보, 우리 이사 갈 집 빨리 지어야 하는 거 아니에요? 어제 공사 담당자한테서 전화 왔었어요. 견적 내야 한다고."

얼마 후, 트리엉그르 씨는 전원주택 부지에 집을 짓기 위해 공사 담당자와 함께 현장으로 갔다.

"나는 삼각형으로 집을 짓고 싶어요."

"그러세요? 그럼 지붕 모양을 삼각형으로 하면 되겠네요."

"그리고 전원주택이니만큼 울타리도 만들고 싶군요."

"울타리도 삼각형으로 만들어 달라는 건 아니겠죠? 하하하!"

담당자는 우스갯소리를 하였다. 하지만 트리엉그르 씨의 표정은 꽤 진지했다.

"좋군요! 삼각형 집에 삼각형 울타리…… 아주 좋아요! 그렇게 만들어 줄 수 있죠?"

"네?"

공사 담당자는 트리엉그르 씨의 얼굴을 빤히 쳐다보다가 그의 옷과 신발로 눈이 갔다. 작은 삼각형이 수도 없이 프린트 된 티셔츠와 구두는 그가 얼마나 삼각형에 집착하는지 한눈에 알 수 있게 해 주었다.

'이 사람 약간 정신이 이상한 사람 아니야?'

트리엉그르 씨는 집터를 둘러보며, 곧 짓게 될 자신의 삼각형 집을 상상하며 히죽거렸다.

'드디어 내가 꿈에 그리던 삼각형 집에서 살게 되는구나!'

그리고 몇 달 후 트리엉그르 씨네 가족은 집을 구경하러 왔다. 집 모양은 그가 바라던 대로 지붕을 길게 늘어뜨린 삼각형 모양이었다. 그리고 집 안은 온통 삼각형 무늬의 벽지가 도배되어 있었고, 텔레비전부터 소파까지 모두 삼각형이었다. 심지어 책상과 침대도 제작 주문을 했는지 삼각형 모양이었다. 트리엉그르 씨의 입이 귀에 걸린 듯했다.

"이야, 아주 좋아! 하하하."

엘레나 씨는 여간 불만이 아니었다. 주방의 기구들도 죄다 삼각형이었던 것이다.

'나는 동그란 모양이 좋은데…… 주방은 나만의 공간인데 여기까지 삼각형으로 해 놓다니…… 저 삼각형 중독자! 마음에 안 들어, 흥!'

쌍둥이 아이들은 새집이 마냥 신기하고 좋았다. 집 안이고 정원이고 이리저리 뛰어다니느라 바빴다. 트리엉그르 씨는 아직 완성되지 못한 울타리가 너무 기대되었다. 그래서 공사 담당자 에릭 씨에게 전화를 걸었다.

"여보세요."

"네, 에릭 씨 맞나요? 트리엉그르라고 합니다."

"아, 그 삼각형 좋아하시는 분?"

"하하하, 기억하시는군요. 그나저나 제 울타리는 언제쯤 볼 수 있을까요?"

"내일 댁으로 찾아뵙겠습니다."

전화를 끊은 트리엉그르 씨는 설레어 잠도 오지 않았다.

'그 울타리, 정말 멋있을 거야. 하하하!'

침대에 누워 혼잣말을 하며 낄낄거리는 남편을 엘레나는 걱정스러운 눈빛으로 바라보았다.

'걱정이다. 병원에라도 데리고 갈까?'

트리엉그르 씨는 아내가 무슨 생각을 하는지 알지 못하고, 침대에 누워 연신 피식거리며 웃기만 했다. 다음 날, 날이 밝자마자 트리엉그르 씨는 정원에 나가 에릭 씨를 기다렸다. 정오가 다 되어서야 에릭 씨의 차가 보였다.

"여기요!"

트리엉그르 씨는 양손을 쭉 뻗어 힘차게 흔들며 그를 반겼다. 에릭 씨가 자재들을 내려놓았다.

"오래 기다리셨죠? 여기 삼각형 울타리를 만들기 위해 2m, 3m, 5m짜리 나무를 가지고 왔습니다. 하하하, 이제 조립만 하면 되니까 잠시만 기다려 주세요."

에릭 씨는 함께 온 동료와 땀을 뻘뻘 흘리며 조립을 시작했다. 트리엉그르 씨는 떨리는 마음을 주체할 수가 없었다. 그런데 무슨 일인지 조립만 하면 되는 일을 에릭 씨는 30분 넘게 낑낑대고 있었다.

"이런…… 길이가 안 맞네."

"뭐라고요?"

트리엉그르 씨의 얼굴이 울상이 되었다. 에릭 씨는 그런 그를 바라보며 말했다.

"뭐가 잘못됐는지 모르겠지만, 오늘 울타리를 설치하기는 불가능할 것 같습니다. 죄송합니다."

에릭 씨는 자재를 트럭에 싣고 돌아가려고 했다. 그러자 트리엉그르 씨가 트럭 앞에 나서서 손을 벌리며 차를 막아섰다. 놀란 에릭 씨가 차에서 뛰어내렸다.

"사장님, 지금 뭐하시는 겁니까?"

"당신들은 나를 속였어! 울타리를 만든다고 해 놓고는 만들지도 못하고. 수학법정에 고소하겠어!"

"고소라니요? 저희는 아무 잘못 없습니다. 이곳이 이상해서 그런 걸 어떡합니까?"

"뭐야? 아무튼 당장 삼각형 울타리를 설치하지 않으면 정말 수학 법정에 고소하겠어!"

"마음대로! 쳇!"

트리엉그르 씨는 다음 날 수학법정에 에릭 씨를 사기죄로 고소하였다.

삼각형을 만들기 위해서는 선분이 세 개 필요합니다.
이중 작은 두 선분을 합한 값이 한 선분보다
커야 합니다.

여기는 **수학법정**

트리엉그르 씨가 원하는 삼각형
울타리는 어떻게 만들어야 할까요?
수학법정에서 알아봅시다.

🤡 재판을 시작하겠습니다. 건물에 무슨 문제
라도 생긴 겁니까? 공사 담당자 측 변호사
변론을 들어 보도록 하겠습니다.

👩 원고는 울타리를 설치하기 위해 피고 측 공사 담당자에게 의
뢰를 하였으나, 건물이 있던 장소가 이상하여 울타리를 만들
기가 어려웠습니다. 하지만 성격이 급한 원고는 모든 것이 피
고 측 잘못이라며 당장 울타리를 설치할 것을 요구했고, 울타
리를 다시 만들어 보겠다는 공사 담당자를 고소한 것입니다.

🤡 울타리 만드는 일이 많이 힘듭니까?

👨 원고는 워낙 삼각형을 좋아하는 사람이라 울타리도 삼각형 모
양을 원했습니다. 보통, 울타리나 물건을 세울 때 삼각형 모양
을 원하는 고객이 극히 드물어 삼각형 울타리를 만든 적이 없
는 공사 담당자 측 입장에서는 힘든 것이 사실입니다.

🤡 울타리를 다시 만들어 온다면 이번에는 삼각형 울타리가 만들
어질 수 있습니까?

👨 글쎄요. 만들어 봐야 알겠습니다만, 이번에는 제대로 만들 수
있지 않을까요? 하하하!

그럼 삼각형 울타리가 확실하게 만들어질 수 있을지 없을지는 두고 봐야 하는 거 아닙니까? 문제가 있는 것 같군요. 그럼, 원고 측의 변론을 들어 보겠습니다. 원고 측, 해결 방법이 있습니까?

삼각형 울타리를 만들려면 삼각형이 되기 위한 조건에 맞춰야 합니다. 무턱대고 아무렇게나 만들었다간 실패하기가 쉽습니다.

삼각형 울타리를 만들기 위한 조건이 있습니까?

삼각형에 대해서라면 무엇이든 말씀해 주실 증인을 모시고 자세한 설명을 드리겠습니다. 증인은 어린이 놀이동산인 '삼각형 동산'을 운영하고 있는 강세모 님입니다.

증인 요청을 받아들이겠습니다.

고깔모자를 머리에 쓰고 삼각 모양의 안경을 낀 40대 초반의 남성이, 굴러가지도 않는 삼각형 바퀴의 모형 자전거를 손바닥 위에 놓고 정성스럽게 바치고 있었다.

자전거 모형은 증인석 위에 올려놓으셔도 됩니다. 삼각형에 대해 깊은 애착을 가지고 계시군요.

물론입니다. 삼각형을 사랑하기 때문에 '삼각형 동산'에서 일하는 동안 너무 행복하다고 느끼고 있습니다.

삼각형은 어떻게 만들어집니까?

삼각형이란 한 평면상에 있고 일직선상에는 없는 세 개의 점을 두 개씩 연결하여 이루어지는 도형을 말합니다.

증인만큼 삼각형을 사랑하는 원고가 삼각형 울타리를 원하고 있습니다. 피고는 삼각형 울타리를 만드는 일에 계속해서 실패할 것으로 보이는데, 삼각형 울타리를 만드는 데 규칙이나 원리가 있다면 쉽게 만들 수 있지 않을까요?

삼각형을 만드는 데 필요한 규칙은 간단합니다. 삼각형을 만들기 위해서는 선분이 세 개 필요합니다. 이중 작은 두 선분을 합한 값이 나머지 한 선분보다 커야 합니다. 그래야 삼각형 모양이 만들어질 수 있습니다.

피고 측에서 가져온 2m, 3m, 5m 나무로는 아무리 좋은 장소에 세운다고 해도 삼각형이 만들어질 수 없는 것이군요.

2m, 3m, 5m 막대로는 2m+3m>5m 여야 하겠죠. 하지만 두 값을 합하면 정확하게 5m가 됩니다. 두 값을 합한 값은 5m보다 커야 하므로 5m를 포함하지 않습니다. 그러므로 삼각형이 만들어질 수 없지요.

두 값의 합이 5m보다 커야 한다면, 예를 들어 3m, 4m, 5m의 경우는 가능하겠군요.

그렇습니다. 3과 4를 합하면 7이 되고, 그 값이 5보다 크기 때문에 삼각형을 만들 수 있습니다. 유치원생도 이 정도의 더하

기쯤은 하니까 가능하겠지요?

증인께서 쉽게 설명해 주셔서 그렇지요. 삼각형의 원리만 알면 쉽게 만들 수 있는 것을 어렵게 생각했다니 황당하군요. 피고 측은 삼각형의 원리도 모르고 삼각형 울타리를 만들다가 실패하고는 울타리 만드는 장소가 이상하다는 핑계로 책임을 회피하려고 했습니다. 울타리 설치가 늦어지면서 원고가 입은 정신적 피해에 대한 보상을 요구합니다.

삼각형 울타리가 늦어지는 원인과 책임은 피고 측에 있다고 판단됩니다. 빠른 시일 내에 삼각형 울타리를 완성해 주고, 원고의 정신적 피해와 시간을 소비한 것에 대한 피해 보상을 해 주어야 하므로, 피고는 원고에게 울타리 설치비를 절반만 받도록 하십시오. 이상으로 재판을 마치겠습니다.

재판이 끝난 후, 에릭은 신속하게 트리엉그르 씨의 울타리를 만들어 주었고, 생각했던 것보다 멋진 울타리가 만들어지자 트리엉그르 씨는 설치비를 전액 다 주었다.

삼각부등식

삼각형의 세 변의 길이를 a, b, c라고 하면 세 변 중 두 변의 길이의 합이 남은 한 변의 길이보다 길어야 삼각형이 만들어진다. 그러므로 다음 관계를 모두 만족해야 한다.
a+b>c, a+c>b, b+c>a

최고급 초콜릿 만들기

나엉뚱 씨는 어떻게 최고의 비율을 맞춘
초콜릿을 만들 수 있었을까요?

매년 2월 14일이면 거리는 온통 달콤한 초콜릿 향
으로 가득하다. 밸런타인을 맞은 연인들은 서로에
게 초콜릿을 선물하며 초콜릿보다 더 맛있는 사랑
을 나누었다. 초콜릿 회사 '쇼코레뜨'는 인기가 많은 고가의 초콜
릿으로 유명했다.

"이제 밸런타인데이가 한 달 앞으로 다가왔습니다. 우리의 경쟁
회사에서는 수많은 초콜릿들이 쏟아져 나오고 있습니다. 그런데!
우리는 아직도 신선한 신제품을 만들어 내지 못하고 있습니다. 정통
초콜릿도 중요하지만 이제는 튀어야 사는 시대입니다. 다들 오늘 안

으로 좋은 기획안을 내지 않으면 퇴근할 생각도 하지 마십시오."

까칠하기로 소문난 쇼코레뜨의 사장은 최근에 극도로 신경이 예민해져 있는 상태였다. 그 이유는 경쟁사인 '스윗 블랙'이라는 초콜릿 회사가 나날이 인기를 더해 가고 있기 때문이었다. 늘 판매 1위를 지켜 왔던 쇼코레뜨로서는 급성장하는 스윗 블랙이 위태로운 불안감을 안겨 주었다.

'어떻게 해서든지 이번 밸런타인 때는 우리 쇼코레뜨의 위력을 다시 한 번 보여 줘야 해……'

사장은 지난 밸런타인 때의 수모를 잊지 못했다. 당시 스윗 블랙이라는 초콜릿이 나왔을 때 사람들은 씁쓸한 정통 초콜릿인 쇼코레뜨의 맛에 푹 빠져 있다가, 달콤한 스윗 블랙의 맛을 보게 되자 그 맛에 열광하게 되었다. 그나마 다행인 것은 초콜릿의 제왕인 쇼코레뜨의 사장이 의사들과 언론을 동원하여 지나치게 단 초콜릿이 건강을 위협한다며 대대적으로 홍보하여 스윗 블랙의 매출을 어느 정도 누를 수 있었다. 하지만 이번에는 별다른 대책이 없었다. 초조한 사장은 직원들을 다시 한 번 불러 모았다.

"이보게 다들 좋은 아이디어 없나?"

"……."

직원들은 모두들 침묵을 지켰다.

"다들 꿀 먹은 벙어리인가? 어휴!"

그는 한숨만 나오고 답답했다. 그때 그의 심장에 불을 지르는 일이 일어났다. 그의 비서가 회의실 문을 벌컥 열고 들어왔다.

"큰일 났습니다. 사장님……."

"무슨 일인데 이 호들갑이야?"

"스윗 블랙에서 먼저 신제품을 출시하였습니다."

"뭐? 스윗 블랙에서 신제품을?"

비서의 손에는 하트 모양의 초콜릿이 들려 있었다. 사장은 냉큼 초콜릿을 가로채며 말했다.

"이게 그 신제품인가?"

"네, 금가루가 섞여 있는 초콜릿이라고 합니다. 지난번에 건강 문제로 당해서 그런지…… 웰빙 초콜릿을 만들었다고 하네요. 몸에 좋은 재료들은 몽땅 넣어서 만든 것 같습니다."

사장은 초콜릿 한 조각을 입에 넣었다.

'달콤 쌉쌀한 게, 부드럽고 아주 좋구먼.'

초콜릿의 맛은 그야말로 일품이었다. 하지만 사장은 차마 내색할 수가 없었다.

"쳇! 맛도 별로 없는데……."

직원들도 한 조각씩 입에 넣었다. 쇼코레뜨의 정통 초콜릿보다 달콤하고 부드러운 맛에 금방 매료되었다.

"맛있다!"

신입 연구원이었던 나엉뚱 씨는 자신도 모르게 입 밖으로 말이 나오고 말았다. 그러자 사장이 무서운 눈빛으로 노려보며 말했다.

"맛있나? 우리 경쟁 회사의 초콜릿이 그렇게나 맛있어? 으흠!"

"그, 그게……."

사장에게 한 번 잘못 찍히면 회사를 그만두어야 한다는 소문이 있을 정도로 사장은 매우 소심한 성격의 소유자였다. 나엉뚱 씨는 순간 아차 싶어 안절부절못했다.

"이보게, 자네 신입인가?"

"네."

"내 방으로 오게!"

사장의 화풀이 상대가 정해졌다. 나엉뚱 씨를 바라보는 동료들의 눈빛에 안타까움이 묻어 났다.

"엉뚱 씨, 조심하지 왜 그랬어!"

"엉뚱아, 그냥 사표 써라!"

나엉뚱 씨는 단단히 각오를 하고 사장실로 들어갔다. 사장은 큰 가죽 의자에 몸을 기대고 앉아 있었다.

"자네 이름이 뭔가?"

"나엉뚱입니다."

"나엉뚱 씨, 지금부터 내가 하는 말을 잘 들어요. 만약 내가 내 주는 과제를 해결한다면 나는 자네를 과장으로 승진시켜 줄 것이고, 그렇지 못하면 해고할 거야."

"네?"

"잘 듣게."

사장은 자리에서 일어나 서류 봉투를 하나 들고 엉뚱 씨의 맞은편에 앉았다.

"우리 쇼코레뜨의 초콜릿 비밀이 담긴 서류네. 우리의 초콜릿 재료에는 원가가 싼 보통 품질과 원가가 비싼 특품, 이렇게 두 종류가 있네. 초콜릿 재료에는 세 종류의 서로 다른 물질이 들어 있는데, 두 종류의 재료 한 봉지에 들어 있는 세 물질의 양은 이 서류를 보면 알 수 있네."

나엉뚱 씨는 식은땀을 줄줄 흘리며 사장이 건네준 서류를 열어 보았다.

	A(g)	B(g)	C(g)
보통품	3	4	1
특품	2	6	3

"보았나?"

"네."

"내 말을 명심해서 잘 듣게. 한 번만 말하겠네. 이 둘을 섞어 최고급 초콜릿을 만들어야 하네. 초콜릿은 A 물질이 10g, B 물질이 20g, C 물질이 7g 이하로 들어가야만 하네. 그리고 보통품 재료 한 봉지의 원가는 3,000달란이고, 특품 재료 한 봉지의 원가는 40,000달란이네. 가장 원가가 비싼 초콜릿을 만드는 것이 과제네. 알겠나? 일주일의 시간을 줄 테니 잘 만들어 보게."

나엉뚱 씨는 눈앞이 깜깜했다. 어떻게 해야 할지 아무 생각도 나지 않았다. 서류를 들고 사장실을 나서면서도 머릿속에서는 이미 재료들을 이것저것 섞어 보고 있었다.

'도대체 각각의 재료를 몇 봉지씩 넣어야 하지?'

엉뚱 씨는 연구실로 가서 재료들을 마구 섞어 보았다. 하지만 결론은 나오지 않았다. 사장과 약속한 시간이 다가올수록 점점 피가 마르는 고통을 겪어야 했다.

"엉뚱 씨!"

"네?"

"무슨 생각을 그렇게 하기에 몇 번을 불러도 대답이 없어요? 무슨 일 있어요?"

동료 연구원들은 그의 눈이 점점 퀭해지고 야위어 가자 그를 걱정스러운 눈빛으로 바라보았다.

"아, 아니에요."

사장이 일급 비밀이라고 말했기 때문에 동료들에게 어떤 말도 할 수 없었다. 그때 멀리서 사장 비서의 발자국 소리가 들려왔다. 마치 사형수가 된 기분이었다.

"나엉뚱 씨, 사장실로 오세요."

"네?"

엉뚱 씨는 이제 드디어 해고를 당하는구나, 생각했다. 그런데 오히려 마음은 홀가분했다. 지난 일주일은 그에게 악몽과도 같은 시간이었다. 사장실의 공기는 무거웠다.

"나엉뚱 씨, 나와 약속한 최고급 초콜릿은 만들었겠지?"

"그, 그게……."

사장은 엉뚱 씨의 빈손을 쳐다보았다.

"자네, 설마 못 만든 건가?"

"사장님, 죄송합니다만 이건 불가능한 문제입니다."

"가능한 문제야. 자네는 지금 이 순간부터 당장 해고야! 알았나?"

사장은 자리를 박차고 일어섰다. 나엉뚱 씨는 사장을 뒤쫓아 갔다.

"사장님, 말도 안 됩니다. 이건 부당한 해고예요. 답이 없는 문제를 저에게 주시고 못 풀었다고 해고라니요. 억울합니다. 흑흑흑!"

엉뚱 씨는 서러워 눈물을 뚝뚝 흘렸다. 하지만 사장은 냉정한 표정으로 그의 손을 뿌리치며 말했다.

"자네가 못 푼 걸 가지고 왜 문제 탓을 하나? 해고는 정당하네. 으흠!"

사장의 단호한 태도에 화가 난 나엉뚱 씨는 수학법정으로 달려가 쇼코레뜨의 사장을 고소하였다.

주어진 조건에 따른 P는 $3000x+4000y$달란이 되고,
P가 커지도록 주어진 조건에 따른 가능한 x, y의 값을
선택하면 됩니다.

나엉뚱 씨는 쇼코레뜨 사장의
주문대로 초콜릿을
만들 수 있을까요?
수학법정에서 알아봅시다.

재판을 시작합니다. 먼저 원고 측 변론하세요.

아무리 사장이라도 그렇지, 말도 안 되는 방
법으로 초콜릿을 만들라고 하다니요. 이건
부당 해고입니다. 그러므로 나엉뚱 씨의 복직을 주장합니다.

정말 준비 안 된 변호사군. 그럼, 매쓰 변호사 변론하세요.

이 문제는 굉장히 어려워 보이는 문제입니다. 하지만 부등식
을 이용하면 해결할 수 있습니다. 보통품을 x봉지, 특품을 y봉
지 산다고 합시다. 초콜릿 값을 P라고 하면 P $=3000 \times x +$
$4000 \times y$(달란)이 됩니다. 그러므로 P가 커지도록 x와 y의 값
을 선택해야 합니다. 물론 값이 비싼 특품 재료를 많이 넣으면
넣을수록 초콜릿의 원가는 늘어납니다. 하지만 초콜릿 안에
포함될 세 물질의 양에는 제한이 있습니다.

어떤 제한이 있죠?

우선 A 물질의 경우를 보죠. 보통품 x봉지와 특품 y봉지에 들
어 있는 A 물질의 양은 다음과 같습니다.

보통품 x봉지의 A 물질의 양 $= 3 \times x$(g)

특품 y봉지의 A 물질의 양 $= 2 \times y$(g)

전체 A 물질 양이 10g 이하이므로 $3 \times x + 2 \times y \leqq 10$입니다.

B 물질의 경우를 보죠. 보통품 x봉지와 특품 y봉지에 들어 있는 B 물질의 양은 다음과 같습니다.

보통품 x봉지의 B 물질의 양 $= 4 \times x(\text{g})$
특　품 y봉지의 B 물질의 양 $= 6 \times y(\text{g})$

전체 B 물질의 양이 20g 이하여야 하므로 $4 \times x + 6 \times y \leqq 20$입니다.
마지막으로 C 물질의 경우를 보죠. 보통품 x봉지와 특품 y봉지에 들어 있는 C 물질의 양은 다음과 같습니다.

보통품 x봉지의 C 물질의 양 $= 1 \times x(\text{g})$
특　품 y봉지의 C 물질의 양 $= 3 \times y(\text{g})$

전체 C 물질의 양이 7g 이하여야 하므로 $1 \times x + 3 \times y \leqq 7$입니다.
따라서 두 재료의 봉지 수는 다음 세 부등식을 동시에 만족해야 합니다.

$3 \times x + 2 \times y \leqq 10$

$4 \times x + 6 \times y \leqq 20$

$1 \times x + 3 \times y \leqq 7$

이 부등식을 만족하는 x와 y 값을 찾아봅시다. 두 개의 문자 x, y가 있으므로 특품이 0봉지 들어간다고 하면 $y = 0$이므로,

$3 \times x \leqq 10$

$4 \times x \leqq 20$

$1 \times x \leqq 7$이 됩니다. 이 식을 풀면,

$x \leqq \dfrac{10}{3}$

$x \leqq 5$

$x \leqq 7$이 되는데 세 경우를 모두 만족하는 x의 값은 0, 1, 2, 3 입니다. 그러므로 가능한 (x, y)의 값은 다음과 같죠.

$(0, 0)$ $(1, 0)$ $(2, 0)$ $(3, 0)$

특품이 1봉지 들어간다고 하면 $y = 1$이므로

$3 \times x + 2 \leqq 10$

$4 \times x + 6 \leqq 20$

$1 \times x + 3 \leqq 7$이 됩니다. 이 식을 풀면,

$x \leqq \dfrac{8}{3}$

$x \leqq 3.5$

$x \leqq 4$가 되는데, 세 경우를 모두 만족하는 x의 값은 0, 1, 2입니다. 그러므로 가능한 (x, y)의 값은 다음과 같죠.

$(0, 1) \ (1, 1) \ (2, 1)$

특품이 2봉지 들어간다고 하면 $y = 2$이므로

$3 \times x + 4 \leqq 10$

$4 \times x + 12 \leqq 20$

$1 \times x + 6 \leqq 7$이 됩니다. 이 식을 풀면,

$x \leqq 2$

$x \leqq 2$

$x \leqq 1$이 되는데 세 경우를 모두 만족하는 x의 값은 0, 1입니다. 그러므로 가능한 (x, y)의 값은 다음과 같죠.

$(0, 2) \ (1, 2)$

특품이 3봉지 들어간다고 하면 $y = 3$이므로,

$3 \times x + 6 \leqq 10$

$4 \times x + 18 \leqq 20$

$1 \times x + 9 \leqq 7$이 됩니다. 이것을 동시에 만족하는 0 이상의 정

수 x의 값은 없습니다. 특품이 4봉지 이상 들어가는 경우에도 그렇습니다. 그러므로 가능한 모든 경우의 (x, y)는 다음과 같습니다.

$(0, 0)$ $(1, 0)$ $(2, 0)$ $(3, 0)$ $(0, 1)$ $(1, 1)$ $(2, 1)$ $(0, 2)$ $(1, 2)$

각각의 경우 초콜릿의 원가는 어떻게 되죠?

$P = 3000 \times x + 4000 \times y$를 계산하면 됩니다. 다음과 같이 표를 만들 수 있습니다.

x	y	P(달란)
0	0	0
1	0	3000
2	0	6000
3	0	9000
0	1	4000
1	1	7000
2	1	10000
0	2	8000
1	2	11000

따라서 $x=1$, $y=2$일 때 P가 가장 큽니다. 즉 보통품 한 봉지와 특품 두 봉지를 섞어 초콜릿을 만들면 조건을 만족하면서 원가가 가장 비싼 초콜릿이 만들어지지요.

 가능한 문제였군요. 나엉뚱 씨가 부등식을 조금만 알았더라면 해고되지 않았을 텐데, 아쉽군요. 수학법정에서는 이번 해고가 정당한 결정이었다고 판결합니다.

재판이 끝난 후 부등식을 알지 못해 해고된 나엉뚱 씨는 다른 직장을 구하는 동안 열심히 부등식 공부를 하였다. 그러던 중에 우연히 비율을 맞춘 맛있는 초콜릿을 만들게 되었고, 자신의 이름을 딴 초콜릿을 시장에 내놓았다. 그리고 그 초콜릿이 인기 상품이 되어 얼마 지나지 않아 새로운 초콜릿 회사의 사장이 되었다.

🐶 두 식 P, Q의 대소 판정

P-Q>0이면, P>Q, P-Q<0이면 P<Q,
P-Q=0이면, P=Q이다. 예를 들어 4.3-4=0.3이고
0.3>0이니까 4.3>4이다.

한약의 효과

허약 씨가 근육맨이 되기 위해 먹어야
하는 약의 양을 구할 수 있을까요?

허약 씨는 늘 질병을 달고 살 정도로 툭하면 아팠
다. 살짝 부딪히기만 해도 병원 신세를 지는 그의
별명은 종합 병원이었다.

"허약아, 좋은 약이라도 한번 해 먹든지 해라. 매일 비실거리면
되겠냐?"

"어쩜, 이렇게도 약하냐?"

"허약 씨, 더 이상 당신을 만날 수 없어요. 저는 든든한 남자 친구
가 필요하다고요. 미안해요."

그의 친구들도 항상 기운 없이 비리비리한 그를 걱정하였고, 여자

친구는 그의 약골 모습에 지쳐 이별을 선언했다. 그러던 어느 날 허약 씨는 길에서 우연히 초등학교 동창이었던 유명한 씨를 만났다.

"야, 허약아!"

유명한 씨는 반가운 마음에 허약 씨의 등을 툭 쳤다. 그러자 허약 씨는 앞으로 넘어지고 말았다.

"어라? 허약아, 괜찮아?"

"응? 어? 너 명한이 아니야?"

"그래, 넌 여전하구나. 살짝 치기만 해도 넘어지니…… 으이고!"

"그렇지 뭐…… 근데 넌 정말 멋있어졌다. 근육도 울퉁불퉁, 이야, 멋지다!"

"으흠, 내가 운동을 좀 했지. 하하하!"

"그래? 좋겠다. 정말 부럽다. 난 아직도 비실거리는데……."

유명한 씨도 어렸을 때는 허약 씨와 쌍벽을 이룰 정도로 비실댔었다. 그래서 친구들은 두 사람을 '부실 브라더스'라고 놀리곤 했다. 그런데 지금 유명한 씨의 몸은 운동선수처럼 울룩불룩한 근육이 멋져 보였다.

"허약아, 사실은 비밀인데……."

"응?"

"내가 특별히 너한테만 알려줄게. 내 몸의 비밀!"

"비밀? 그게 뭔데? 응?"

"실은 내가 한약을 먹었거든. 너도 내가 좋은 한의원 소개시켜 줄게 한번 가 볼래? 너도 알다시피 나도 약골이었잖아. 흐흐흐, 근데 그 한의원에서 지어 준 약을 먹고 나서 운동을 했더니 근육이 막 생기고 덩치가 커지더라고!"

"정말? 에이, 거짓말⋯⋯."

"날 보고도 못 믿겠어? 내가 오랜만에 만난 너한테 무슨 거짓말이라도 할까 봐? 가서 진단이라도 받아 봐! 자 여기, 약도야. 그리고 이건 내 연락처! 그럼 난 이만 바빠서. 다음에 밥이라도 한번 먹자!"

허약 씨는 명한 씨가 건네준 약도를 받아들었다.

'치, 그런 게 어디 있어.'

반신반의했지만, 자기도 모르게 한의원으로 발걸음을 옮겼다. 한의원의 외부는 허름해 보였다.

"저기요⋯⋯."

허약 씨는 개미 소리만 한 크기로 말했다.

"아무도 안 계세요?"

"으흠, 들어오세요!"

머리가 희끗희끗한 할아버지 한 명이 낡은 소파에 앉아 있었다.

"저기, 여기가 최고 한의원 맞습니까?"

"음, 내가 최고라고 하는데⋯⋯ 무슨 일인가? 어허!"

"아, 예, 저는 유명한이라는 친구 소개로 왔습니다. 제가 워낙 약골이라 툭하면 병치레를 하는 통에 고민이 돼서 찾아왔습니다."

"음, 유명한? 아, 그 약골이었던 친구? 하하하! 우리 한의원에서 약을 먹고 나서 근육맨이 되었지."

한의사는 고개를 들고 안경 너머로 허약 씨를 유심히 바라보았다. 그리고 진맥을 했다.

"자네 정말 허약하구먼. 내가 50년이 넘게 한의사 생활을 했지만 자네 같은 약골은 처음 보네. 툭 치면 쓰러지겠어!"

"네, 저도 정말 괴롭습니다. 흑흑흑! 20년이 넘게 비실이로 살았습니다. 흑흑흑!"

허약 씨는 흐느끼기 시작했다. 그동안 많은 사람들에게 놀림 받던 순간이 떠올랐는지 서럽게 흐느꼈다.

"음…… 사실 이건 아무한테나 보여 주는 것이 아닌데……."

한의사는 뜸을 들이더니 약통을 뒤지며 말했다.

"자네 같은 사람에게 딱 좋은 약이 있네. 음, 어디 있더라. 그래! 여기 있다. 이걸 보게나."

한의사는 색이 다른 두 개의 약 주머니를 툭 던졌다.

"이 두 주머니에 있는 약은 명약이라네. 빨간 주머니의 약은 100g당 열량이 150cal에 단백질은 10g 들어 있고, 노란 주머니의 약은 100g당 열량이 300cal에 단백질은 5g 들어 있네. 두 개를 합쳐서 200g 사야하는데, 칼로리가 300cal 이상 되어야 하고, 단백질은 15g 이상이 되어야 효과가 있어. 뭐, 가격은 빨간 주머니의 것이 두 배는 더 비싸네. 선택은 자네가 하는 게야."

허약 씨는 잠시 고민에 빠졌다. 친구의 말을 듣고 오기는 했지만 딱 보아도 비쌀 것 같은 약 때문에 갈등했다.

'그동안 약골로 받은 서러움을 풀려면…….'

한의사는 약재를 만지작거리며 말했다.

"이 약재들은 어디서도 구할 수 없는 거라네. 여기 주머니에 있는 것이 전부야. 자네에게만 특별히 보여 준 거야. 뭐, 고민이 많이 되나 본데, 반반씩 섞든지? 어서 결정하게."

허약 씨는 이런저런 생각에 머리에 쥐가 날 것 같았다. 그러나 금방 결론을 내렸다.

"그럼, 선생님 말씀대로 반반씩 섞어 주세요."

"알았네. 그럼 한 시간 뒤에 다시 오게. 그동안 내가 최고의 약을 만들어 놓을 테니. 허허!"

허약 씨는 생각만 해도 날아갈 듯 기뻤다. 친구 유명한 씨처럼 근육맨이 된다면 뭐든지 다 할 수 있을 것 같았다. 여자 친구도 사귀고, 당당하게 어깨를 펴고 다니는 자신의 모습을 상상해 보니 저도 모르게 얼굴에 웃음이 가득했다. 약값을 지불하기 위해 은행에 가서 돈을 찾아 한 시간 뒤에 한의원으로 갔다.

"자네 왔구먼! 여기 다 됐네."

한의사는 파란 주머니를 툭 던졌다.

"정말 이것만 먹으면 저도 건강해지는 거죠?"

"그렇다니까. 흐흐흐!"

"선생님, 고맙습니다. 제가 조만간 근육맨이 되어 선생님을 찾아 뵙겠습니다. 하하하!"

기분이 한껏 들뜬 허약 씨는 약을 가지고 집으로 돌아왔다. 그리고 곧바로 한약을 달여 한 잔 쭉 들이켰다. 금방이라도 몸에서 근육들이 툭툭 튀어나올 것만 같았다. 그런데 가만히 앉아 생각해 보니 왠지 자신이 속은 것 같다는 생각이 들었다.

"음…… 왜 이렇게 찝찝한 기분이 들지? 이상하다. 반반씩 섞는다? 100g씩 섞으면 450cal가 되잖아. 빨간 주머니 약은 노란 주머니 약보다 곱절은 더 비쌌는데……."

허약 씨는 약 주머니를 들고 한의원으로 부리나케 달려갔다.

"이봐요, 한의사 선생!"

"자네가 여긴 또 무슨 일인가?"

"당신은 약골인 내 약점을 이용해서 사기를 쳤어요! 지금 당장 수학법정에 당신을 고소하겠어요."

"뭐라고? 지금 무슨 소리를 하는 거야?"

"흥! 법정에서 봅시다."

허약 씨는 그길로 곧장 수학법정으로 향했다. 그리고 한의사를 고소하였다.

주어진 조건을 만족하는 부등식을 연립하여
미지수 값을 구합니다.

허약 씨가 저렴하게 약을 구입할 수
있는 방법은 무엇일까요?
수학법정에서 알아봅시다.

재판을 시작하겠습니다. 약을 구입하는 데
어떤 문제가 있었는지 원고 측 변론하세요.

한의사는 원고에게 약에 대해서 충분히 설
명을 하고 약을 지어 주었습니다. 한의사가 두 가지 약의 비율
을 반반씩 하자고 제안하자, 원고는 한의사가 전문이니만큼
그의 의견에 동의한 것입니다. 하지만 약을 산 후 생각해 보니
약값이 너무 비싼 것 같았습니다. 빨간 주머니의 약값이 두 배
는 더 비싼데 한의사는 이 사실을 알고도 제대로 된 계산을 하
거나 약의 비율을 생각하지 않고 반반씩 처방하는 바람에 원
고는 필요 이상의 돈을 썼습니다. 약의 효력을 보려면 300cal
만 넘으면 되는데 반반씩 처방하면 450cal이나 됩니다. 한의
사가 약을 조제할 때 빨간 주머니 약과 노란 주머니 약의 비율
을 생각했다면 저렴하게 구입할 수 있었을 겁니다. 일부러 많
은 이윤을 챙기려고 한 한의사는 약값의 일부를 원고에게 배
상해야 할 것입니다.

원고 측에서 바가지를 쓴 것 같다고 하는데, 어떻게 생각하는
지 피고 측 변론을 들어보겠습니다.

원고는 자신의 신체적 결함을 고치기 위해 한의원을 찾았습니다. 피고는 원고가 원하는 약을 지어 주었고, 약의 양을 정할 때도 피고의 동의를 얻어 제조했습니다. 그런데 이제 와서 고소를 하다니 이해가 되지 않는군요. 피고는 약을 제조할 때 약효가 발휘되기 위해 필요한 양을 설명하고, 그에 따라 제조한 것입니다.

각각의 주머니에 든 약을 얼마씩 사용해야 효력을 발휘하면서도 최대한 저렴하게 구입할 수 있습니까?

원고가 약의 효과를 충분히 보면서도 가장 저렴하게 구입할 수 있는 약의 양과 가격을 계산해 주실 증인을 모셨습니다. 증인은 과학공화국 수리학 박사님이신 장하군 박사님입니다.

증인은 증인석으로 나오십시오.

깨끗한 양복을 차려입은 40대 후반의 남성은 넓은 어깨에 힘을 주고 자신감 넘치는 당당한 모습으로 나와 증인석에 앉았다.

한의원에서 저렴한 가격에 약을 구입할 수 있는 방법이 있습니까?

원고가 구입한 값보다는 훨씬 저렴하게 구입할 수 있을 것 같습니다.

한의사는 원고에게 두 개의 약 주머니를 보여 주며 빨간 주머니의 약과 노란 주머니의 약을 합해서 200g이 되어야 하고, 단백질은 15g 이상이어야 하며, 300cal 이상이 되어야 효과를 볼 수 있다고 말했습니다. 약은 얼마나 구입하면 될까요?

빨간 주머니에 있는 약은 비싸기 때문에 조금만 사도록 해야 겠지요. 빨간 주머니 약의 양을 x라고 두면 전체 약의 양이 200g이므로 노란 주머니 약은 $200-x$가 됩니다. 또한 주어진 양은 100g당 가지는 칼로리이므로 1g당 칼로리는 빨간 주머니의 약이 1.5cal, 노란 주머니 약이 3cal입니다. 두 약의 칼로리는 합해서 300cal를 넘어야 하므로 이를 이용해 부등식을 세우면 $1.5x+3(200-x) \geq 300$이 됩니다. 또 단백질의 양은 15g 이상이어야 한다고 했는데 1g당 빨간 주머니 약의 단백질은 0.1g이고, 노란 주머니 약의 단백질은 0.05g이므로 부등식 $0.1x+0.05(200-x) \geq 15$를 얻을 수 있습니다. 식을 정리하면

① $1.5x+3(200-x) \geq 300$

② $0.1x+0.05(200-x) \geq 15$

①식의 각 항을 1.5로 나누면 $x+2(200-x) \geq 200$이 되고 괄호 안의 값을 풀면 $x+400-2x \geq 200$가 됩니다. 따라서 $-x \geq -200$이 되는데 양변에 음수를 곱하면 부등호가 바뀌므로 $x \leq 200$입니다. 빨간 주머니의 약은 200g보다 적습니다.

②식은 어떻게 되나요? ②를 풀어 보면 정확한 값을 알 수 있을 것 같은데요.

물론 ②식도 필요합니다. 소수점 이하의 값을 없애도록 양변에 10을 곱해 줍시다. 그러면 $x + 0.5(200-x) \geq 150$이 됩니다. 괄호를 풀어 보면 $x + 100 - 0.5x \geq 150$이 되고 정리하면 $x \geq 100$을 얻습니다.

①식과 ②식을 조합하면 부등식 $100 \leq x \leq 200$이 되는군요.

그렇습니다. x가 빨간 주머니 약의 양이므로 빨간 주머니 약은 100g보다는 크거나 같고 200g보다는 작거나 같은 양이 필요하겠군요.

빨간 주머니 약이 비싸기 때문에 되도록 저렴하게 구입할 수 있으면 좋겠는데요.

그렇다면 빨간 주머니의 약은 100g 구입하면 되겠군요. 전체 구입해야 하는 약은 200g이므로 빨간 주머니의 약을 100g 구입하면 노란 주머니의 약도 100g 구입해야 합니다.

한의사가 원고에게 제조해 준 약의 양과 동일하군요. 한의사는 이윤을 많이 남기기 위해 원고에게 바가지를 씌운 것이 아니라, 효력이 있도록 적당한 양의 비율로 섞어서 약을 제조한 것입니다. 원고의 단순한 판단으로 피고를 위해 저렴하면서도 효과적인 약을 제조해 준 약사를 고소했으니, 원고는 피고에게 진심으로 사과하도록 하십시오.

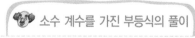

빨간 주머니 약과 노란 주머니 약을 절반씩 하는 것이 가장 저렴한 가격으로 효과를 볼 수 있는 약을 제조하는 것임을 증명하였습니다. 원고가 피고에게 많이 미안하겠군요. 원고는 피고에게 진심 어린 마음으로 사과해야 합니다. 이상으로 재판을 마치겠습니다.

소수 계수를 가진 부등식의 풀이

소수 계수를 가진 부등식을 풀 때는 소수 부분이 모두 정수가 되도록 양변에 10의 거듭제곱을 먼저 곱한 다음에 풀도록 한다.

새로운 용액 개발

농도 10%가 되면 폭발하는 용액 200g을 가지고
폭발하지 않는 고농도의 용액을 만들 수 있을까요?

괴짜연구소에서는 오늘도 희한한 연구가 한창이었
다. 나잘난 박사는 연구원들을 모아 놓고 목에 핏대
를 세우며 말했다.

"우리 연구소에서는 새로운 용액을 개발해야 합니다. 이 프로젝
트는 내 모든 것을 걸고 하는 일입니다. 200g짜리 8%의 농도로 만
들면 폭발하지 않습니다. 그러나 농도가 10% 이상되면 폭발합니
다. 그러므로 우리가 해야 할 일은 고농도이면서 폭발이 안 되는 것
을 만들어야 하는 일입니다. 알겠습니까?"

연구원들은 아무도 대답하지 않았다. 폭발 위험성이 높은 이 실험을 하겠다고 나서는 사람은 한 명도 없었다. 그때 의욕이 앞선 신입 연구원이 손을 번쩍 들었다.

"연구소장님, 그 연구는 제가 하겠습니다."

다른 연구원들은 안쓰러운 눈빛으로 그를 쳐다보았다. 연구소장 나잘난 박사는 흡족한 눈빛으로 신입 연구원을 바라보았다.

"또 다른 사람은 없나?"

사실 신입을 시키기에는 조금 무리인 듯한 실험이었다. 하지만 다른 연구원들은 서로 눈치만 볼 뿐 누구 하나 나서는 사람이 없었다. 그러자 연구소장이 단념을 하고 말했다.

"좋아요! 우리 신입 연구원 이버리 씨가 책임을 지고 진행해 보도록 하세요. 내가 뭐든지 다 지원해 줄 테니까 걱정하지 말고! 그리고 다른 연구원들은 반성 좀 하세요. 위험한 실험이라고 해서 피하면 되나? 우리 신입 이버리 씨처럼 용기를 내고 도전을 해야지! 으흠, 그럼 오늘 회의는 여기서 마치겠습니다. 이만!"

연구원들은 나잘난 박사가 회의장을 나가자 이버리 씨를 둘러쌌다.

"버리 씨, 뭐 하러 그런 무모한 일을 하겠다는 거야? 제정신이야?"

"이봐, 아직 신입이라서 그게 용기인 줄 아나 본데…… 얼마나 위험한 일인지 몰라? 잘못하면 무조건 폭발이라고!"

"아유! 안됐어, 쯧쯧!"

"그냥 못하겠다고 말해! 그게 살길이지!"

이버리 씨는 선배들의 반응에 조금 긴장이 되었다. 자신을 불쌍하게 바라보는 선배들의 눈빛이 마음에 걸린 것이다.

'괜히 나섰나?'

이버리 씨는 지금이라도 못하겠다고 해야지, 결심하고 연구소장의 방으로 갔다.

'똑똑똑!'

"들어오세요."

나지막한 박사의 목소리가 이버리 씨의 어깨를 꾹 누르는 듯했다.

"소장님!"

"이버리 씨, 무슨 일이죠? 내가 도울 일이 생겼나?"

"그게……."

"어서 말해 봐요."

"이번 실험 말입니다. 새로운 용액 개발……."

"음, 그게 왜?"

"죄송……."

"뭐?"

이버리 씨는 나잘난 박사의 얼굴을 바라보았다. 그러자 강한 카리스마에 눌려 그만 말이 헛나오고 말았다.

"열심히 하겠습니다. 반드시 그 용액을 제 손으로 만들어 내겠습니다. 소장님, 파이팅!!"

"허허허, 싱거운 사람이구먼! 그 얘기 하려고 찾아왔나? 그래!

우리 잘해 보자고! 내가 이번 일만 성공하면 자네에게도 큰 포상을
할 걸세."

"네!"

이버리 씨는 소장실 문을 열고 나서며 눈앞이 깜깜하고 어지러워
지는 것을 느꼈다.

'내가 왜 그랬지? 못한다고 말하러 가서 파이팅은……'

그는 자신의 연구실로 돌아와 한참을 망설였다.

따르릉…….

연구실의 전화 벨소리에도 가슴이 철렁 내려앉는 것만 같았다.

"여보세요?"

"이버리 씨, 나 연구소장이야!"

"네?"

"점심이나 같이 하자고. 허허허!"

"알겠습니다. 바로 나가겠습니다."

연구소장은 용기 있는 이버리 씨가 무척 마음에 들었다. 함께 식
사를 하며 연구에 관한 이야기를 나눴다.

"이번 실험에서 그 용액의 농도가 아주 중요하다는 건 알고 있지?"

"네."

"명심해야 하네. 10% 이상이면 폭발이야."

연구소장은 웃으며 먹음직하게 익은 고기를 한 점 입에 넣었다.

이버리 씨는 음식이 코로 들어가는지 입으로 들어가는지 모를 정

도로 패닉 상태였다.

'지금이라도 못한다고 말해야 하나? 그래, 말하자!'

이버리 씨는 굳은 결심을 하고 입을 열었다.

"소장님!"

"응? 무슨 할 말 있나?"

"저, 이번 실험……."

"아, 또 파이팅 하자고? 하하하, 자네는 파이팅을 너무 좋아하는 구먼! 허허허, 파이팅!"

"네, 파이팅!"

결국 이버리 씨는 또 말을 하지 못했다. 식사를 마치고 다시 연구실로 돌아와 커피를 한 잔 마시며 마음을 진정시켰다.

'그래. 까짓것 조심해서 하면 괜찮을 거야. 그리고 정말로 새로운 용액을 만들기만 하면 나는 초고속으로 승진할 게 분명해. 이건 기회야!'

이버리 씨는 더 이상 피하지 않기로 했다. 그리고 실험을 준비했다. 그는 여러 실험 기구를 늘어놓고 크게 심호흡을 했다. 그때 선배 연구원 한 명이 연구실로 들어왔다.

"어라? 자네 포기 안했어?"

"네, 그냥 해 보려고요."

"조심해서 하게! 그럼 난 이만 나가겠네."

뭔가 볼일이 있는 듯했던 선배는 급히 나갔다. 이버리 씨는 식은

땀이 줄줄 났지만, 실험을 빨리 끝내야겠다는 마음이 점점 커졌다.

"좋아! 파이팅! 나는 할 수 있다. 아자!"

용액을 이리저리 섞으며 실험을 해 나갔다. 그런데 한창 실험을 하던 이버리 씨의 연구실에서 폭발음이 들렸다.

'쾅!!'

연구소의 직원들과 나잘난 박사는 이버리 씨의 연구실로 황급히 뛰어갔다.

"무슨 일인가? 괜찮아? 이버리 씨!"

연기가 가득한 실험실 바닥에 이버리 씨가 쓰러져 있었다.

"이버리 씨! 앰뷸런스 불러! 어서!"

'띠용~ 띠용~.'

결국 이버리 씨는 며칠 동안 병원 신세를 져야 했다. 연구소장은 실험에 실패하여 연구소의 스폰서로부터 후원 정지를 받았다고 한다. 이에 극도로 흥분한 연구소장은 이버리 씨의 병실에 찾아왔다.

"이봐, 이버리 씨! 당신 때문에 나의 위대한 계획이 물거품으로 돌아갔어!"

"죄송합니다, 소장님. 물이 너무 많이 증발하는 바람에 농도가 진해져서 그만……."

"어리버리해 가지고는…… 괜한 용기를 앞세워서 나를 현혹시 켰어. 자네를 믿고 그 큰 실험을 맡긴 내가 잘못이지. 어쨌든 난 자네를 수학법정에 고소할 거야! 알았나? 퇴원하면 곧장 재판을 받게 될 거야! 각오하라고! 흥!"

나잘난 박사는 병원에서 나와 수학법정으로 향했다. 그리고 이버 리 씨를 정식으로 고소하였다.

농도가 8%인 용액에 들어 있는 용질의 양은 $200 \times \dfrac{8}{100} = 16(g)$입니다. 10% 농도보다 짙어지면 용액이 폭발하므로 $\dfrac{16}{x} \times 100 \geqq 10$이 되면 폭발합니다. 용액이 160g보다 작으면 폭발하므로, 폭발하지 않게 하려면 최대 40g 미만의 물을 증발하도록 해야 합니다.

어떻게 하면 폭발하지 않는 고농도 용액을 개발할 수 있을까요?
수학법정에서 알아봅시다.

재판을 시작하겠습니다. 용액이 폭발했다고 하는데 큰일 날 뻔했군요. 어떤 사건이 었기에 이런 결과를 낳았는지 피고 측부터 변론하십시오.

피고는 괴짜 연구소에서 새로운 용액을 만드는 일을 맡았습니다. 용액은 농도에 따라 유용하게 쓰일 수도 있고 위험한 폭발물이 되기도 하지요. 용액 개발을 맡은 피고가 물을 너무 많이 증발시키는 바람에 용액이 폭발했습니다. 하지만 물이 얼마큼 증발했을 때 용액이 폭발하는지 판단할 수 없었기 때문에 초보 연구원에게는 그 농도를 맞추는 일이 불가능했습니다. 다른 연구원들은 모두 나 몰라라 뒷걸음질했는데, 초보이면서도 어려운 일을 하겠다고 나서서 열심히 일하다가 실수한 것입니다. 그리고 이렇게 중요하고 위험한 일을 초보에게 맡긴 연구소 측에도 책임이 없다고는 할 수 없습니다.

초보이기는 하지만 일을 맡은 이상 결과에 대한 책임을 져야 할 것 같은데요. 물의 증발량이 얼마나 되는지 알 수 있는 방법은 없습니까?

용액이 8% 농도에서는 정상이지만 10%를 넘어가면 폭발한다고 합니다. 하지만 농도만으로는 물의 증발량이 얼마나 되면 폭발하는지 알기 어렵습니다.

용액을 폭발시키지 않을 방법을 찾아야겠군요. 초보 연구원을 고소한 연구소장 측은 용액을 폭발시키지 않을 좋은 방법을 아십니까? 원고 측 변론을 들어 보겠습니다.

수치 변호사는 물의 증발량을 계산할 수 없다고 했지만, 실제로는 충분히 계산할 수 있습니다. 물이 얼마큼 증발하면 용액이 폭발하는지 미리 알 수 있다면, 폭발을 미리 막을 수도 있었을 겁니다. 초보 연구원이든 노련한 연구원이든 증발하는 물의 양을 계산하는 정도는 충분히 가능할 것입니다. 전체 200g이라는 용액이 8% 농도에서는 정상입니다. 하지만 용액의 물이 증발하여 농도가 10% 이상이 되면 용액이 폭발하므로, 최고 농도이면서 폭발하지 않을 용액을 만들기 위해서는 용액의 농도가 10%가 되지 않을 만큼만 물이 증발하면 됩니다.

증발시킬 수 있는 물의 양은 얼마나 됩니까?

퍼센트에 대한 계산이 필요합니다. 퍼센트 수학을 전공하고 계시는 강수리 박사님을 증인으로 신청합니다.

증인 신청을 받아들이겠습니다.

까만 중절모를 쓴 50대 중반의 남성은 무언가를 계
산하는 듯 계속 중얼거리면서 앞으로 나와 증인석에
앉았다.

🎩 박사님, 용액의 농도에 대한 계산이 필요합니다. 8% 농도의
200g 용액이 폭발하지 않을 수 있을 만큼 증발시키는 물의 양
을 알아내려고 합니다.

🎩 농도가 8%인 용액이 200g이라면 이 속에 들어 있는 용질의
양을 구할 수 있습니다. 용질이란 액체 속에 녹아 있는 고체
물질을 말하지요. 예를 들어, 소금물 용액에서는 소금이 용질
이지요. 농도가 8%인 용액에 들어 있는 용질의 양은 200
$\times \dfrac{8}{100} = 16(g)$이 됩니다.

🎩 용액의 농도가 10%가 되면 용액이 폭발한다고 했는데, 증발
시킬 물의 양은 어떻게 구하나요?

🎩 물이 증발하더라도 용액 속에 들어 있는 16g의 용질은 증발
하지 않으므로 그대로 들어 있습니다. 물이 증발하고 남은 용
액의 양이 얼마인지 모르기 때문에 증발한 후 용액의 양을 x
라 두고, 10% 농도보다 짙어지면 용액이 폭발하므로 $\dfrac{16}{x} \times$
$100 \geqq 10$이 되면 폭발하게 됩니다. 양변에 x를 곱하고 10으로
나누면 $160 \geqq x$를 얻습니다. 따라서 물이 증발하고 남은 용액
이 160g보다 작으면 용액의 농도는 10%가 넘어 폭발하게 되

지요.

처음 용액의 양은 200g이었으므로 160g까지는 40g 차이가 나는군요.

그렇습니다. 물이 40g 증발할 때까지는 용액의 농도가 높아지지만 폭발하지는 않습니다. 하지만 물이 40g 이상 증발하면 용액이 폭발하므로 주의해야 합니다. 따라서 용액의 농도를 높이면서 폭발하지 않게 하기 위해서는 최대 40g 미만의 물이 증발하도록 해야 합니다.

물이 얼마나 증발할 때 용액이 폭발하는지는 노련한 연구원이 아니더라도 충분히 계산 가능하겠지요? 피고가 용액을 개발할 능력이 없다면 처음부터 자신 있게 나서지 말았어야 합니다. 피고는 용액 개발에 책임을 진 이상 책임지고 배상해야 할 것입니다.

용액 개발에 실패하게 되어 매우 안타깝습니다. 하지만 피고는 용액 개발을 실패로 만든 것에 대해 책임지고 손해 배상을 해야 할 의무가 있는 것으로 판단됩니다. 용액의 농도를 계산해 보고 실험했다면 물의 증발량을 40g을 넘기지는 않았을 텐데…… 미리 알아보지 않고 무턱대고 실험을 했기 때문에 이런 결과를 낳은 것 같습니다. 무슨 일을 하든 착오 없이 진행될 수 있도록 미리 계획을 잘 세워 보고 하는 것이 가장 좋을 것 같습니다.

재판이 끝난 후 실험 실패로 배상을 하게 된 이버리 씨는 좌절했다. 자신의 용기가 결국 실패를 낳은 것이기 때문이다. 그러나 나잘란 박사가 이버리 씨의 용기를 높게 사 이버리 씨에게 배상을 하지 않아도 되며, 다시 한 번 실험해 달라고 했고, 이버리 씨 역시 이번에는 꼭 성공하겠다고 약속했다.

 농도

액체에 녹아 있을 때 액체를 용매, 고체를 용질이라고 하고 이 둘을 합쳐서 용액이라 한다. 이때 농도는 용액이 얼마나 진하고 묽은지를 나타내는 양으로 용액에 대한 용질의 비율이 높을수록 농도가 크다.

제곱해서 5보다 작은 정수

제곱해서 5보다 작은 정수를 3개라고 말한
유미의 답은 정답일까요?

"저거 사 줘. 으앙!"

유미는 길바닥에 주저앉아 엄마에게 또 떼를 쓰
는 중이었다.

"강유미! 너 정말 엄마한테 혼 좀 나 볼래? 어서 일어나지 못해?"

엄마는 화가 잔뜩 났다. 하지만 그럴수록 유미의 울음소리는 더
욱 커졌다.

"어휴, 내가 너 때문에 창피해서……."

유미는 결국 갖고 싶은 곰 인형을 손에 넣게 되었다. 그렇듯 어렸
을 때부터 유미의 고집은 온 동네에 소문이 날 정도로 유명했다. 자

신이 생각한 대로 일이 되지 않으면 난리를 부려서라도 어떻게든 자기가 원하는 대로 해야 직성이 풀렸다.

유미가 초등학교 5학년 때 전교 부회장이 되었다. 고집스럽긴 했지만, 반면 장점도 많았다. 끈기가 있고, 무슨 일이든 1등 하려는 성격 때문에 성적도 매우 뛰어났다. 반 아이들은 고집이 세고 도도한 유미를 싫어할 법도 했지만, 여자 아이들을 제외하고는 예쁜 유미를 좋아하는 남학생들이 적지 않았다. 유미는 일명 '도도 유미'로 불렸다.

어느 날 담임선생님이 유미를 교무실로 불렀다

"유미야, 〈전국 어린이 퀴즈벨〉이라고 들어 봤니?"

"네."

"선생님 생각에는 우리 학교 대표로 유미가 나갔으면 하는데……나갈 생각 있니?"

"나가면 뭐 주는데요?"

"해외여행 티켓이랑 장학금 주지."

"그래요? 생각 좀 해 볼게요."

"그, 그래."

유미는 선생님들께도 도도하게 굴었다. 5학년 여학생이라기보다는 거의 여대생 수준의 카리스마였다. 유미는 집에 돌아와 엄마에게 퀴즈벨 이야기를 전했다.

"엄마, 나 거기 나갈까?"

"한 번 나가 보렴."

"별로……."

"별로?"

엄마는 사실 조금 전에 담임선생님과 통화를 했다. 유미가 또 애매한 대답을 해서 선생님 속을 태우고 있다는 걸 짐작한 엄마는 유미가 바로 퀴즈벨에 나가겠다고 할 만한 자극적인 말을 던지기로 했다.

"뭐, 우리 딸이 정말 자신 있으면 나가 보렴. 그 프로 문제가 어렵던데, 우리 유미가 풀 수 있으려나? 괜히 망신만 당할 것 같으면 나가지 말고!"

"뭐? 쳇! 내가 못 푸는 문제가 어디 있어? 나, 나갈 거야! 꼭 나가서 일등 할게!"

엄마의 생각대로 유미는 역시 반응을 보였다. 유미는 그날부터 퀴즈 프로그램을 위해 매일 밤늦게까지 공부를 했다. 물론 다른 사람 앞에서는 관심 없는 척했지만 속으로는 걱정이 많이 되었는지 잠도 제대로 못 잤다.

"유미야 밤샜어?"

"아니, 내가 왜 밤을 새? 내 실력이면 대충 풀어도 퀴즈벨 우승은 떼어 놓은 당상이야. 호호호!"

"그럼 다행이고. 엄마는 네가 잠도 잘 못 자고, 퀴즈벨 준비하다가 병이라도 날까 봐 그렇지."

"엄마도 별 걱정을 다 하시네. 호호호! 나 엄마 딸 강유미야!"

드디어 퀴즈 프로그램 녹화 날이 다가왔다. 같은 반 남자 아이들은 플래카드까지 만들어 유미를 응원하러 방송국에 따라왔다.

"치! 창피하게 웬 플래카드?"

도도 유미, 퀴즈 여왕! 파이팅!

"유미야, 파이팅이야! 아자! 아자!"

남자 아이들은 시끌벅적하게 응원하기 시작했다. 유미도 은근히 좋으면서 도도한 척, 무심한 척했다.

'귀여운 것들. 호호호! 이놈의 인기는······.'

스튜디오 녹화장에 들어서니 다른 출연자들이 이미 와 있었다. 퀴즈벨의 진행자는 유미가 좋아하는 아나운서 김성조 씨였다. 당장 사인을 받고 싶었지만 도도한 척하느라 말도 걸지 못했다.

"공화초등학교 5학년 강유미 양! 너무 예쁘게 생겨서 아까 대기실에서 봤을 때 아역 탤런트인 줄 알았어요. 하하하!"

"호호호, 아니에요. 예쁘기는 뭘····· 호호호!"

유미는 내숭을 떨며 입을 가리고 웃었다.

"유미 학생은 학교에서도 굉장히 유명한가 봐요. 남학생들이 플래카드까지 만들어 와서 열띤 응원을 벌이는군요. 친구들에게 고맙다는 말 한마디 해 주세요."

"뭐, 고맙다. 땡큐!"

"아주 간결하네요. 하하하!"

역시나 도도함이 철철 넘쳤다. 각 학교 대표 다섯 명이 경합을 벌이는 예선전이 시작되었다. 유미는 1등으로 예선을 여유 있게 통과하였다.

"우아, 강유미, 최고!"

반 아이들의 응원은 거의 최고조에 다다랐다. 유미의 얼굴에도 오랜만에 웃음이 가득했다. 드디어 최종 결승전이 시작되었다. 상대는 만만치 않았다. 과학초등학교 5학년 고영재라는 학생이었다. 고영재는 과학초등학교에서도 소문난 수학 천재였다. 네 살 때부터 수학에 눈을 떴다는 이야기도 있었다. 유미와 영재는 서로가 강한 적수라는 걸 한눈에 알아보았다.

"드디어 어린이 퀴즈벨의 결승전이 시작되었습니다. 공화초등학교 강유미 양과 과학초등학교 고영재 군! 서로에게 한마디씩 하시죠."

고영재 학생이 먼저 입을 열었다.

"유미에 대해서는 이야기 많이 들었어요. 고집이 아주 세다고. 하지만 제 실력을 따라오지는 못할 거예요. 하하하!"

유미는 순간 발끈하여 발차기를 할 뻔했으나 꾹 참았다.

"호호호, 고영재! 긴말 필요 없고 소문대로 네가 정말 수학 천재인지 어디 한번 보자!"

어린이들의 퀴즈 프로그램이라고 보기에는 너무나도 살벌했다. 사회자 김성조 씨도 적지 않게 당황했다.

"워낙 두 어린이의 실력이 뛰어나다 보니 감정이 조금 격해졌네요. 하하하, 그럼 바로 결승 문제로 넘어가겠습니다. 문제 주세요!"

스튜디오 안에는 이내 긴장감이 감돌았다. 또박또박 문제를 읽는 성우의 목소리가 들려왔다.

"제곱해서 5보다 작은 정수는 몇 개일까요?"

순간 유미는 잽싸게 벨을 눌렀다.

'앗싸!'

고영재 군은 안타까워 한숨을 내쉬었다.

"네, 우리 강유미 양이 빨랐네요. 순발력이 아주 대단합니다. 과연 이번 문제를 맞힐 수 있을까요? 이번 문제가 정답일 경우 어린이 퀴즈벨의 주인공은 강유미 양에게 돌아가게 됩니다. 강유미 양, 정답은요?"

유미는 긴 생머리를 손으로 한껏 휘날리더니 목소리를 가다듬고 말했다.

"정답은 3개입니다."

확신에 찬 유미의 대답에 방청객들이 술렁거렸다. 이미 유미가 퀴즈벨 우승자가 된 것처럼 여기저기서 환호성이 터졌다.

"과연 정답이 맞을까요? 유미 양은 3개라고 대답했습니다. 정답이…… 아닙니다."

유미의 얼굴이 하얗게 질렸다. 그러고는 자리에서 벌떡 일어났다.

"네? 말도 안 돼! 정답은 3개가 맞아요!"

"유미 양, 자리에 앉아 주십시오."

사회자 김성조 씨는 갑작스러운 유미의 돌발 행동에 어찌할 바를 몰랐다. 유미는 더더욱 크게 소리 지르며 말했다.

"정답은 3개라고요, 3개. 으앙!"

유미는 급기야 무대 바닥에 주저앉아 엉엉 소리를 내며 울기 시작했다. 방청석에 앉아 있던 유미 엄마는 이미 익숙한 일인 듯 눈을 질끈 감았다.

'아유, 또 시작이야.'

유미의 고집이 또다시 시작된 것이다. 스튜디오는 순간 아수라장이 되어 버렸다. 녹화는 중단되었고, 녹화장 안에는 유미의 울음소리만 울려 퍼졌다.

"유미 양, 좀 진정하세요."

김성조 아나운서가 땀을 뻘뻘 흘리며 달래도 소용이 없었다.

"엉엉, 3개라고. 3개!"

"아니에요. 3개는 정답이 아니라니까요."

"뭐라고요? 쳇! 당신들 다 고소할 거야. 흥!"

유미는 울음을 멈추더니 녹화장 문을 박차고 나가 수학법정으로 향했다. 그리고 〈전국 어린이 퀴즈벨〉을 고소하였다.

제곱해서 5보다 작은 정수로는
−2, −1, 0, 1, 2가 있습니다.

제곱해서 5보다 작은 정수는
실제로 몇 개일까요?
수학법정에서 알아봅시다.

재판을 시작하겠습니다. 정수의 개수를 찾
는 문제군요. 쉬운 문제인 것 같은데 어떻
게 고소까지 하게 되었는지 원고 측 변론을
들어 보겠습니다.

유미 어린이는 우수한 실력을 가진 학생입니다. '제곱해서 5
보다 작은 정수의 개수는 몇 개일까?'를 묻는 문제에서 3개
라고 대답했지만, 사회자는 유미 어린이의 답이 틀렸다고 했
습니다. 하지만 유미 어린이가 계산한 바에 의하면 분명 제곱
해서 얻은 값이 5보다 작은 정수는 3개이므로, 결과를 인정할
수 없습니다.

어떻게 3개라는 답을 얻었습니까?

제곱해서 5보다 작은 수는 0, 1, 2입니다. 0을 제곱하면 0, 1
을 제곱하면 1, 2를 제곱하면 4입니다. 하지만 3을 제곱하면 9
가 되어 5보다 커지므로 3부터는 답이 될 수 없습니다. 따라
서 3보다 작은 수는 3개입니다.

원고 측에서는 3개가 정답이라고 하는데, 피고인 퀴즈 프로그
램 측에서는 어떤 주장을 하시는지 들어 보도록 하겠습니다.

원고는 자신의 답이 왜 정답이 되지 못하는지 알려고는 하지 않고, 자신의 답이 옳다고만 주장하고 있습니다. 원고는 다른 사람의 의견이나 생각, 그리고 자신의 잘못된 점을 받아들이는 습관이 전혀 잡혀 있지 않습니다. 퀴즈 프로그램의 문제를 제출한 위원을 모셔서 원고의 답이 왜 정답이 되지 못하는지, 그리고 정답은 무엇인지 직접 들어 보도록 하겠습니다.

증인 신청을 받아들이겠습니다.

마르고 날렵하게 생긴 40대 초반의 남자가 빠른 걸음으로 걸어와 증인석에 앉았다.

퀴즈 문제를 제출하신 분이라고요? 문제에 대한 해석을 부탁드립니다. 그리고 원고의 답이 왜 틀린 것인지도 설명해 주시면 감사하겠습니다.

원고는 일단 문제의 핵심을 파악하지 못하고 있습니다. 문제를 다시 한 번 볼까요? '제곱해서 5보다 작은 정수가 몇 개입니까?' 라고 물었는데, 여기서 원고가 놓친 내용은 '정수' 를 생각하지 못했다는 것입니다. 정수는 음수, 0, 양수 모두를 포함하는데, 원고가 '0, 1, 2' 라고 대답한 것은 0과 자연수만 생각한 것입니다. 즉 정수는 음수, 0, 양수를 모두 말하는 것이므로 원고의 답은 일부분에만 해당됩니다.

그렇다면 원고는 음수를 생각하지 않은 것이군요. 그럼, 음수 값의 개수를 모두 더하면 몇 개가 됩니까?

음수, 0, 양수 중에서 제곱해서 5보다 작은 값을 찾아봅시다. 먼저 음수로는 -2와 -1이 가능한 정수입니다. -1을 제곱하면 1, -2를 제곱하면 4이고, -3을 제곱하면 9이므로 -3은 불가능한 값입니다. 그리고 0과 1, 2의 양수는 원고가 제곱하여 설명한 것처럼 가능한 값입니다. 따라서 제곱하여 5보다 작은 정수의 개수는 -2, -1, 0, 1, 2 모두 5개입니다.

0과 양수 1, 2만 생각하고 -2, -1을 생각하지 못한 원고의 실수였군요. 자신의 답이 오답이라고 해서 전국에 방송되는 퀴즈 프로그램에서 돌발 행동을 보인 것은 잘못입니다. 유미 어린이가 똑똑한 것은 이미 잘 알고 있는 사실이지만, 자신의 잘못된 점을 받아들일 줄 아는 좀 더 현명하고 지혜로운 어린이가 되었으면 합니다.

공공장소에서 소란을 피운 유미 어린이의 행동은 잘못된 것입니다. 앞으로는 그러한 행동을 자제해 주길 부탁드립니다. 제곱해서 5보다 작은 정수는 모두 5개라고 증명되었습니다. 유미 어린이가 실수로 음수 값을 생각 못한 것으로 판단되며, 문제를 자세하게 듣고 답을 말했으면 좋았을걸, 하는 아쉬움이 남는군요. 다음에는 좀 더 좋은 결과를 기대하겠습니다. 앞으로 똑똑하고 훌륭한 사람이 될 수 있도록 열심히 공부하세요.

재판이 끝난 후, 전국에 방송되는 퀴즈 프로그램에서 실수한 것을 창피하게 생각한 유미는 더욱더 열심히 수학 공부를 했다. 그리고 다시 한 번 퀴즈 프로그램에 나가 꼭 우승할 것을 다짐했다.

 제곱수의 성질

어떤 수의 제곱은 항상 0 이상이다. 음수를 제곱해도, 양수를 제곱해도 그 결과는 양수가 되며 0의 제곱은 0이다. 그러므로 제곱수의 최소값은 0이다.

$y-x$의 최소값

환상의 콤비 왕유리와 지은이가
최소값을 틀린 이유는 무엇일까요?

사건속으로

왕유리는 항상 자신이 최고라고 생각하는 초등학교
4학년의 공주병 여왕이었다.

"호호호, 나는 너무 예뻐. 공부도 잘하고, 성격도
좋고. 호호호!"

친구들은 유리가 공주병 환자라며 수군거렸지만, 정작 본인은 사
람들이 자신을 질투하여 험담하는 것이라고 생각했다.

"유리야, 나 수학 문제 좀 풀어 줘."

"수학? 수학이라면 이 왕유리 여사에게 물어봐야지. 호호호!"

사실 공주병만 빼고는 흠 잡을 데가 없었다. 실제로 얼굴도 예쁘게 생겼고 공부도 잘했기 때문이다. 게다가 친구들에게도 나름 친절했다.

"이야, 유리 너는 정말 수학을 잘하는구나? 좋겠다."

"뭐, 이 정도는 기본이야! 더 어려운 문제도 풀 수 있어. 호호호!"

"어, 그래."

늘 잘난 척을 하는 것이 문제였다. 그런 유리를 곱지 않은 시선으로 보는 사람이 있었는데, 바로 유리와 앙숙인 지은이였다. 지은이는 귀여운 외모로 인기가 많았지만 공부는 그리 잘하지 못했다. 게다가 유리와 옆집에 살면서 어렸을 때부터 늘 비교를 당해 왔다.

"유리는 이번에 또 100점이라는데, 우리 지은이는 80점밖에 못받았네?"

지은이 엄마는 유리를 보고 배우라며 가끔 혼을 내기도 했다. 유치원 때는 둘도 없는 단짝이었지만, 둘의 사이가 점점 멀어지면서 이제는 눈빛만 마주쳐도 피하는 사이가 되었다.

"야, 부회장 이지은!"

"왜?"

"선생님이 너 교무실로 오래."

유리는 자신이 회장이고 지은이가 부회장이라는 사실에 우월감을 느끼는지, 지은이를 부를 때는 늘 '부회장 이지은'이라고 불렀다. 그럴 때마다 지은이는 왠지 모르게 기분이 상했다.

"지은아, 이번에 수학경시대회가 있는데, 나가 볼 생각 없니?"

"제가요? 유리가 나가는 거 아니에요?"

지은이는 풀이 죽어 말끝을 흐렸다. 담임선생님은 늘 유리와 비교당하는 지은이를 위해 이번 경시대회에는 지은이를 내보내려고 했던 것이다.

"아니야, 이번에는 선생님이 지은이를 추천하려고…… 어때? 지은아, 나가 볼래?"

"그런데…… 유리가 나가면 당연히 우승일 텐데, 괜히 제가 나가서 망신이라도 당하면……."

"아니야, 선생님은 지은이를 믿어! 지은이 파이팅!"

"네."

지은이는 너무 기뻤다. 이제껏 경시대회라면 유리가 독차지했었는데, 드디어 지은이에게도 기회가 온 것이다. 지은이는 교실로 들어와 앉자마자 수학 문제집을 꺼냈다. 유리는 눈치도 기가 막히게 빨랐다.

"야, 부회장 이지은!"

지은이는 못 들은 체했다. 하지만 역시 유리는 예리했다.

"못 들은 척하지 말고 대답하시지, 부회장!"

"왜?"

"너 왜 갑자기 수학 공부를 하고 그러냐? 너, 혹시 나 대신 수학 경시대회에 나가는 거야?"

"그래, 왜? 난 나가면 안 돼?"

"아니 뭐, 그런 건 아니고…… 잘해 봐! 호호호, 내가 뭐 도와줄 거는 없니? 뭐든지 모르는 건 물어봐. 내가 아는 범위 안에서는 가르쳐 줄게."

자존심이 상하기는 했지만 그래도 이번 경시대회에서는 꼭 우승을 하고 싶었다. 자존심을 눌러 가며 모르는 문제는 유리에게 물어보기로 했다. 유리는 그럴 때마다 무시하는 말투로 지은이의 자존심을 건드렸지만, 그래도 꽤 도움이 되었다. 두 사람은 방과 후에 남아서 따로 공부를 하기도 했다.

"내일이 경시대회네?"

"어."

"지은아, 우리 예전처럼 친하게 지내면 안 될까?"

"뭐?"

"사실 난 너랑 예전처럼 잘 지내고 싶은데, 네가 자꾸 나를 피하니까……."

"나도 너랑 전처럼 단짝으로 지내고 싶어."

"정말이야? 우린 역시 마음이 통한다니까. 호호호!"

두 사람은 몇 년 만에 화해를 하게 되었다. 지은이와 유리는 손을 꼭 잡고 집으로 돌아갔다.

드디어 경시대회 날이 되었다. 그동안 유리의 도움을 받아 열심히 공부한 지은이는 자신 있게 경시대회장으로 들어갔다.

"이지은, 파이팅! 꼭 우승해!"

유리는 지은이를 응원하기 위해 아침 일찍부터 나왔다. 지은이도 꼭 우승을 하겠다고 다시 한 번 마음을 다잡았다. 경시대회가 시작되고, 지은이는 침착하게 한 문제씩 잘 풀어 나갔다. 그런데 마지막 문제에서 막히고 말았다.

x는 2 이상 8 이하, y는 7 이상 15 이하일 때 $y-x$의 최솟값을 구하시오.

지은이는 차근차근 문제를 여러 번 읽었다. 하지만 어떻게 풀어야 할지 도무지 감이 잡히지 않았다. 그런데 그 순간 며칠 전 유리와 함께 문제를 푼 기억이 떠올랐다.

'아하, 맞다! 그때 유리가 알려준 답이……'

지은이는 그때의 기억을 떠올리기 위해 안간힘을 썼다. 그리고 정답을 적었다.

$7-2=5$

"딩동댕. 시험이 종료되었습니다. 모두 답안지를 제출해 주십시오."

답을 적는 동시에 경시대회의 종료를 알리는 종이 울렸다. 지은이는 안도의 숨을 내쉬며 경시대회장을 빠져나왔다. 유리가 지은이를 반갑게 맞았다.

"지은아, 수고했어! 잘 봤지?"

"응, 네가 가르쳐 준 문제가 똑같이 나왔어!"

"정말? 뭔데?"

"x는 2 이상 8 이하, y는 7 이상 15 이하일 때 $y-x$의 최소값을 구하시오. 그래서 정답을 7-2인 5라고 적었어. 호호호!"

"맞아! 정답은 5야. 잘됐다. 우리 맛있는 피자 먹으러 가자!"

다음 날 학교에 가자 담임선생님이 지은이를 불렀다.

"지은아, 아깝게 한 문제를 틀렸네."

"네? 그럴 리가요. 분명 다 풀었는데……."

"11번 문제가 틀렸네. $y-x$의 최소값이 5라니…… 틀렸잖아."

"아닌데…… 유리가…….'

순간 지은이는 유리가 원망스러웠다. 교실로 달려가 유리를 찾았다.

"야, 왕유리!"

"유리 화장실에 갔는데?"

"그래?"

지은이는 눈물을 뚝뚝 흘리며 화장실로 갔다. 화장실에서 나온 유리는 지은이가 울고 있자 깜짝 놀라며 물었다.

"지은아, 왜 울어? 무슨 일이야?"

"너, 왕유리, 일부러 나한테 답 잘못 알려준 거지, 그렇지? 너 나빠. 흑흑흑!"

"무슨 소리야?"

"그 문제, 정답이 5가 아니래. 최소값이 5가 아니라고…… 엉엉!
그래서 나 경시대회 우승 못했어. 네가 알려준 답 때문에……."

"말도 안 돼. 아니야, 분명 5 맞는데……."

유리는 지은이와 함께 경시대회 본부로 달려갔다. 그리고 정답이
잘못됐다며 항의했다.

"11번 문제 정답은 5란 말이에요!"

"학생, 아니야! 그러니까 여기서 더 이상 이러지 말고 집에 돌아
가, 어서!"

직원들은 유리와 지은이의 말을 무시했고, 이에 화가 난 유리는
수학법정으로 달려가 경시대회 주최 측을 고소하였다.

x는 2 이상 8 이하, y는 7 이상 15 이하일 때
y−x의 최소값은, y값은 가장 작고, x값은 가장 큰 값으로
계산하여 7−8의 값을 구해야 합니다.

x는 2 이상 8 이하, y는 7 이상 15 이하일 때 $y-x$의 최소값은 뭘까요?
수학법정에서 알아봅시다.

재판을 시작하겠습니다. 경시대회 문제에 불만을 가진 의뢰인이 있군요. 의뢰인은 어떤 점에 불만을 가지고 있는지 원고 측의 변론을 들어 보겠습니다.

원고는 경시대회에 참가했습니다. 그리고 모든 문제를 풀었다고 생각했는데, 한 문제가 틀렸다더군요. 원고의 답이 왜 틀렸는지 이해할 수 없으며, 이를 인정할 수도 없습니다.

어떤 문제입니까?

경시대회 11번 문제입니다. 11번 문제는 'x는 2 이상 8 이하, y는 7 이상 15 이하일 때 $y-x$의 최소값을 구하시오' 입니다. 지은 학생은 이 문제의 답이 5라고 주장하는데 경시대회 측에서는 틀렸다고 합니다.

5라는 답은 어떻게 나온 것입니까?

$y-x$를 계산해야 하므로 최소값을 넣었습니다. 따라서 y값은 7, x값은 2를 넣어 계산하면 7-2가 되어 5라는 답을 얻을 수 있습니다.

뭔가 좀 이상한데요. 옳은 계산법인지 의심스럽군요. 일단 원고 측의 주장이 무엇인지 알았으니 피고 측 변론을 들어 보겠습니다. 원고 측의 설명이 옳다고 생각하십니까? 피고 측 변론하십시오.

원고 측 변론에는 오류가 있습니다. 따라서 원고 측이 주장하는 경시대회 문제의 답이 5라는 것은 인정할 수 없겠지요.

그렇다면 11번 문제의 정답은 무엇입니까?

경시대회 문제를 자세히 풀어 주실 증인을 모셨습니다. 증인은 수학회의 나잘난 회장님입니다.

증인은 앞으로 나오십시오.

회색 양복을 입은 50대 후반의 남성은 목에 잔뜩 힘을 주어 얼굴을 꼿꼿하게 세운 채 증인석으로 걸어 나왔다.

경시대회 11번, 최소값을 구하는 문제에 대해 설명을 부탁드리겠습니다.

경시대회 11번 문제는 조금만 생각하면 쉽게 해결할 수 있는 문제입니다. $y-x$의 최소값을 구하는 문제이므로 어떻게 하면 최소값을 얻을지 생각해 보면 되지요. 최소값을 얻기 위해서는 y 값은 최대한 작고 x 값은 최대한 큰 값이어야 합니다.

문제에서 x는 2 이상 8 이하, y는 7이상 15 이하라고 했습니다.

이것을 부등식으로 나타내면 훨씬 이해하기가 쉽습니다. x의 부등식은 $2 \leqq x \leqq 8$이고, y의 부등식은 $7 \leqq y \leqq 15$입니다. 여기서 y 값이 가장 작은 수는 7이고, x 값이 가장 큰 수는 8이겠지요.

그럼 7-8이 되는군요.

그렇습니다. 따라서 우리가 구하는 $y-x$의 최소값은 -1이 됩니다.

원고 측의 5라는 값은 어떻게 나온 것입니까?

보아하니 최소값이라는 개념보다는 두 값에서 가장 작은 값들을 뺀 것 같군요. x 값에서 작은 값은 2이고, y 값에서 작은 값은 7이므로 7-2가 되어 5라는 답이 나온 것이지요.

최소값이 되기 위한 조건을 이해하지 못한 거군요. 박사님 말씀처럼 y 값은 가장 작고, x 값은 가장 큰 값으로 계산하여 얻은 정답은 -1입니다. 이로써 원고 측 학생들이 주장하는 답이 오답임을 증명하였습니다.

경시대회 11번 문제의 답은 -1인 것으로 확인되었습니다. 원고 측 학생들이 최선을 다해 문제를 풀었지만 아쉽게 되었군요. 비록 문제의 답은 틀렸지만 학생들이 생각하지 못한 최소값 구하는 방법을 알 수 있는 시간이 되어 도움이 되었으리라 생각됩니다. 다음에는 좋은 결과 얻을 수 있기를 바랍니다. 이상으로 재판을 마치겠습니다.

재판이 끝난 후, 비록 문제는 틀렸지만 유리가 지은이를 골탕 먹이기 위해 일부러 잘못된 답을 가르쳐 준 것이 아니라는 걸 알게 된 지은이는 유리에게 화낸 것을 사과했다. 그 후 두 사람은 다음 수학 경시대회에서는 꼭 함께 1등을 하자며 열심히 수학 공부를 했다.

부등식의 덧셈 뺄셈

a<x<b, c<y<d 일 때
① 덧셈 : a+c<$x+y$<b+d
② 뺄셈 : a-d<$x-y$<b-c

저울 세 번 사용으로 약 고르기

이덜렁 약사는 어떻게 양팔 저울을 세 번 사용하여
섞인 알약을 가려낼 수 있을까요?

"죄송합니다. 그게 소화제가 아니라 두통약인
데…… 여기 소화제 있습니다. 정말 죄송합니다."

"아니에요, 괜찮아요. 호호호!"

약사 이덜렁 씨는 매사에 덤벙대기 일쑤였다. 오늘도 벌써 몇 번
이나 약을 잘못 주었는지 머리를 긁적이며 손님들에게 사과하느라
바쁘다. 하지만 모든 환자들에게 친절했고, 그런 그를 사람들은 '친
절한 덜렁 씨'라고 불렀다.

"덜렁 씨, 파스 하나만 주세요."

"네? 아, 파스…… 파스가 어디 있더라?"

파스 하나를 찾는 데도 몇 분이 걸렸다. 오히려 손님들이 약의 위치를 더 잘 알고 있을 정도였다.

"여기 있네요, 호호호!"

"어라? 거기 있었네, 흐흐흐!"

"덜렁 씨 정말 정신없네. 하하하!"

실수투성이인 그였지만, 동네 사람들은 그의 그런 부족함에 더 마음이 끌렸다. 반면 덜렁 씨 약국 옆에는 또 하나의 약국이 있었다.

"이거 말고 좀 더 저렴한 약은 없어요?"

"없습니다."

럭셔리 약국의 약사 왕복녀 씨는 매사에 냉정하고 빈틈없기로 유명했다. 사람들은 그의 깔끔한 성격이 어찌 보면 좋지만, 너무 사무적이라 그녀에게 정을 붙이기가 쉽지 않았다.

"복녀 씨."

"네? 복녀 씨라뇨? 약국에서는 약사님이라고 해야죠. 으흠!"

"감기약 좀 주세요."

"여기 있습니다. 30달란입니다."

그녀의 딱딱한 태도는 남아 있던 정도 뚝뚝 떨어지게 했다. 그래서 그런지 사람들은 대부분 덜렁 씨의 약국을 찾았고, 럭셔리 약국은 타지 사람들 외에 동네 사람들은 거의 찾지 않았다.

"쳇! 덜렁대는 돌팔이 같은 약사가 뭐 그리 좋다고…… 흥!"

복녀 씨는 늘 손님이 많은 덜렁 씨의 약국을 흘겨보았다. 그러던 어느 날, 덜렁 씨는 또 한번 큰 사고를 치고 말았다.

"으악!"

'쾅! 우당탕탕!'

덜렁 씨의 약국에서 짧은 비명 소리와 함께 쿵쿵거리는 소리가 들려왔다.

"또 뭐야? 저 덜렁이가 오늘은 또 무슨 사고를 친 거야?"

복녀 씨는 요란한 소리가 나는 덜렁 씨의 약국 쪽을 힐끗 쳐다보았다. 덜렁 씨가 의자를 밟고 올라서서 약을 꺼내다가 넘어진 것이다. 덜렁 씨는 바닥에서 일어나지 못하고 있었다. 냉정한 복녀 씨도 놀라 덜렁 씨 약국으로 달려갔다.

"무슨 일이에요? 괜찮아요?"

"흐흐흐, 발을 헛디뎠어요. 으흐!"

덜렁 씨는 넘어져 아플 텐데도 얼굴에는 여전히 웃음이 가득했다. 복녀 씨가 덜렁 씨를 일으키며 말했다.

"무슨 사람이 다쳐도 실실거려요? 괜찮아요? 머리 다친 거 아니에요?"

"괜찮습니다. 흐흐흐!"

"그나저나 약통이 쏟아졌는데, 알약들이 섞인 거 아니에요?"

"어라? 그럼 안 되는데……."

"뭐 다친 데 없으면 전 이만 가 볼게요."

"네, 감사합니다."

덜렁 씨는 쏟아진 알약들을 주웠다. 여섯 개의 알약이 뒤범벅되어 있었는데, 이중 세 개는 '힘 빠져' 약이고, 다른 세 개는 '힘 내라' 약이었다. 두 약은 모양과 크기가 같았기 때문에 눈으로는 식별할 수가 없었다. 다만 '힘 빠져' 약이 '힘 내라' 약보다 가볍다는 것만 알고 있었다.

"큰일이네. 이장님께서 오늘 '힘 내라' 약 세 알이 꼭 필요하다고 하셨는데…… 어떻게 골라내지? 금방 오실 텐데, 정말 큰일이네. 어쩌지?"

약국을 나서던 복녀 씨는 덜렁 씨의 말에 귀가 쫑긋했다.

"저기요, 제가 좀 도와드릴까요?"

천하의 복녀 씨가 그냥 도와줄 리는 만무했다. 덜렁 씨도 의아한 표정으로 바라보았다.

"뭐, 싫으면 말고."

그냥 문을 나서던 복녀 씨를 덜렁 씨가 다급히 불러 세웠다.

"왕 약사님, 도와주세요."

다급한 표정의 덜렁 씨와는 대조적으로 복녀 씨는 우물쭈물했다.

"뭐, 그럼 약 여섯 알 중, 세 개는 무겁고 세 개는 가볍다는 거네요. 그럼, 저울로 무게를 재 보면 알 수 있겠네. 간단하네요! 우리 약국에 있는 저울을 빌려 줄 수 있는데…… 그냥 빌려 줄 수는 없고, 사용료 정도는 받아야 하지 않을까요?"

"네, 물론 드려야죠."

"음, 그 대신 조건이 하나 더 있어요."

"네?"

"저울을 세 번만 사용해야 해요. 한 번 쓰는 데 100달란!"

복녀 씨는 순간 자기도 모르게 너무 큰 액수를 불렀나 싶어 아차
했다. 하지만 순박한 덜렁 씨는 흔쾌히 고개를 끄덕였다. 복녀 씨
앞에서 덜렁 씨는 어설픈 포즈로 저울을 바라보았다.

"정확히 하세요. 자세하고는…… 그래 가지고 제대로 무게를 잴
수 있겠어요?"

"네, 알겠습니다."

그런데 그 순간, 복녀 씨는 졸음이 밀려와 깜박 잠이 들고 말았다.

"왕 약사님!"

"으…… 음……!"

"왕 약사님, 왕 약사님!"

"네?"

겨우 잠이 깬 복녀 씨 앞에서 덜렁 씨가 빙그레 웃고 있었다.

"많이 피곤하셨나 봐요?"

덜렁 씨는 피로 회복제를 한 병 내밀었다. 복녀 씨는 그것을 단번
에 들이켜고는 정신을 차렸다.

"다 했어요? 음, 갑자기 왜 이렇게 졸리지? 나도 모르게 깜빡 잠
이 들었네."

기지개를 펴고 하품을 늘어지게 하며 복녀 씨가 말했다. 덜렁 씨

가 고개를 끄덕였다.

"왕 약사님 덕분에 약을 찾았어요. 저울은 세 번 사용했고요. 여기 300달란입니다."

"네? 뭐라고요? 세 번 만에 약을 가려냈다고요?"

"네, 왕 약사님. 감사합니다."

그러자 복녀 씨는 버럭 화를 냈다.

"이봐요, 덜렁 씨! 솔직히 말해 봐요. 내가 잠든 사이에 세 번 넘게 사용했죠?"

"아니에요. 정말 세 번만 사용했어요."

덜렁 씨는 정말 억울하다는 듯이 말했다. 하지만 복녀 씨는 막무가내였다.

"순진한 척하면서 나를 속이려고? 쳇! 이덜렁 씨, 당신을 내가 수학법정에 고소하겠어. 흥!"

정말로 복녀 씨는 수학법정으로 달려가 이덜렁 씨를 고소하였다.

섞인 여섯 개의 알약에 1번부터 6번까지 번호를 매긴 후
두 개씩 선택한 다음, 양팔 저울을 이용하여 무거운 약과
가벼운 약을 가려 낸 뒤 여러 가지 경우를 따져 보면
두 가지의 알약을 가려 낼 수 있습니다.

저울을 세 번만 사용하여 섞인
알약을 골라 낼 수 있을까요?
수학법정에서 알아봅시다.

여기는 수학법정

재판을 시작합니다. 피고 측 변론하세요.

약의 종류는 두 가지입니다. 무거운 약과

가벼운 약, 그리고 개수는 각각 세 알씩입

니다. 자세한 계산법은 잘 모르겠지만, 저울을 세 번만 사용하

여 무거운 약을 골라 낼 수 있다는 게 말이 됩니까? 임의로 약

을 1번부터 6번까지 놓았을 때 1번과 2번을 쟀더니 같았고, 3

번과 4번 약의 무게가 같았으며, 5번이 6번보다 가벼웠다고

해 보죠. 이미 저울은 세 번 사용했지만 무거운 약이라고 확신

할 수 있는 것은 6번뿐입니다. 그러므로 1번과 3번 약의 무게

를 재 봐야 무거운 약 세 알을 모두 찾을 수 있어요. 이 경우

저울을 네 번 사용하게 되지요. 물론 1번이 2번보다 가볍고, 3

번이 4번보다 가볍고, 5번이 6번보다 가볍다면 2, 4, 6번이 무

거운 약이 되고, 저울은 세 번만 사용한 것이 되죠. 하지만 이

건 극히 드물게 일어나는 경우지요. 그러므로 복녀 씨가 조는

사이에 덜렁 씨가 세 번 넘게 저울을 사용했다고 보는 게 맞는

다고 생각합니다.

그럼 원고 측 변론하세요.

제가 변론하지요. 저울은 세 번만 사용하면 됩니다.

어떻게요?

여섯 개 중 두 개의 약을 택합니다. 그리고 두 개의 약 중에서 가벼운 쪽을 1, 무거운 쪽을 2라고 해 둡시다. 물론 무게가 같으면 임의대로 1, 2를 정해도 됩니다. 이때 생기는 경우는 다음과 같이 두 가지입니다.

①1이 2보다 가볍다.
②1과 2의 무게가 같다.

①의 경우를 보죠. 우선 2번 약이 힘 내라 약이고, 1번 약이 '힘 빠져' 약임은 분명합니다. 그리고 같은 방법으로 다른 약 두 개를 택해 보죠. 그럼 두 가지 경우가 생깁니다.

③3이 4보다 가볍다.
④3과 4의 무게가 같다.

이때 ③의 경우라면 4가 '힘 내라' 약이고, 3이 '힘 빠져' 약이므로 5와 6의 무게를 재면 '힘 내라' 약 세 개를 모두 찾을 수 있습니다. 물론 저울은 세 번만 사용했지요. 이제 ④의 경우를 보죠. 이때는 4번 약과 남아 있는 약 중 하나를 택해 무게를 잽니다. 그 약을 5번이라고 하면 다음 세 가지의 경우가 생겨요.

⑤ 4가 5보다 무겁다
⑥ 4가 5보다 가볍다
⑦ 4와 5의 무게가 같다.

⑤의 경우는 3, 4번 약이 모두 '힘 내라' 약이므로 '힘 내라' 약은 2, 3, 4가 됩니다. ⑥의 경우는 3, 4번이 모두 '힘 빠져' 약이므로 '힘 빠져' 약은 1, 3, 4가 됩니다. ⑦의 경우는 3, 4, 5의 무게가 같습니다.

가만, 그러면 3, 4, 5가 '힘 내라' 약인지 '힘 빠져' 약인지 알 수 없잖아요?

1번은 '힘 빠져' 약이고, 2번은 '힘 내라' 약이죠? 그리고 무거운 약과 가벼운 약이 각각 세 알 아닙니까? 그러므로 3, 4, 5의 무게가 같은 경우는 불가능합니다.

그렇군요. 그럼 ②의 경우는 어떻게 되죠?

같은 요령으로 가능한 모든 경우를 따져 보면, 저울 세 번만 사용하여 '힘 내라' 약을 모두 찾을 수 있습니다.

명쾌하군요. 역시 매쓰 변호사는 우리 수학법정의 보배입니다. 그럼, 덜렁 씨는 복녀 씨에게 300달란만 지불하면 되겠군요.

재판이 끝난 후, 이덜렁 씨가 매사에 덜렁거렸지만 사실은 영리한 사람이라는 것을 알게 된 복녀 씨는 덜렁 씨에게 매력을 느끼게 되었다. 그래서 복녀 씨는 덜렁 씨에게 저울 사용료 300달란 대신 데이트를 세 번만 하자고 했고, 데이트를 한 두 사람은 서로에게 끌려 결혼까지 하게 되었다. 결국 약국은 하나로 합쳐졌고, 사람들은 꼼꼼함과 친절함을 갖춘 약국에 오는 것을 즐거워하게 되었다.

 부등식의 성질

$P \geq 0$, $Q \geq 0$일 때 $P^2 - Q^2 > 0$이면 $P > Q$이다. 예를 들어 2와 $\sqrt{5}$의 대소를 비교해 보자. 제곱을 하여 비교해 보면 $2^2 - \sqrt{5}^2 = 4 - 5 < 0$이 된다. $2 < \sqrt{5}$둘 다 양수이니까 $2 < \sqrt{5}$이다.

학교의 위치

어떻게 하면 동·서·남·북 네 마을이 모두 가깝게 다닐 수 있는
학교를 지을 수 있을까요?

동 마을에 사는 준이는 매일 한 시간이 넘게 걸어서
학교에 가야 했다. 가까운 곳에 학교가 없기 때문에
멀리까지 다닐 수밖에 없었던 것이다. 너무 멀어 지
각하기 일쑤였고, 비나 눈이 많이 오는 날에는 학교에 갈 엄두도
못 냈다. 서 마을의 윤지도 마찬가지였다. 학교에 가려면 적어도
한 시간 반 전에는 집을 나서야 지각하지 않고 제시간에 등교할 수
있었다.

"할아버지, 학교에 가기 싫어요."

남 마을에서 할아버지와 단둘이 사는 유일이는 아침마다 학교에

가기 싫다고 투정을 부렸다. 매일 아침마다 할아버지는 손자를 달래서 학교에 보내느라 힘이 들었다.

"유일아, 그래도 학교에 가야지 공부를 하고, 공부를 열심히 해야 훌륭한 사람이 되는 거란다. 어서 밥 먹고 학교 가야지."

"우리 반에 뚱이는 학교 앞에 살아서 수업 10분 전에 일어나 온단 말이야. 나는 매일 한 시간 전에 나서도 지각해 혼나고…… 학교 안 가. 으앙!"

유일이의 투정은 날이 갈수록 심해졌다. 할아버지는 그저 한숨만 내쉬었고, 빨리 울음 그치고 학교에 가라고 재촉하는 것이 전부였다.

"엄마, 나 또 지각이야."

북 마을의 정희는 아침부터 보채기 시작했다.

"오늘 준비물도 사야 한단 말이야. 빨리!"

"알았어. 그만 좀 보채렴. 네가 그렇게 재촉하면 엄마는 정신이 하나도 없어."

딸아이를 학교까지 바래다주는 순자 씨는 아침마다 정신이 없어 밥도 제대로 먹지 못했다. 네 마을에서는 이런 일들이 계속 반복되자 긴급 회의를 열기로 했다.

"오늘 우리 네 마을 사람들이 한자리에 모인 이유는 우리 아이들의 학교 문제 때문입니다. 시내에 있는 학교에 가기 위해 아침마다 전쟁을 치르고 있습니다. 우리 네 마을에서 시내 학교까지 가려면

한 시간은 족히 걸리기 때문에 아이들도 힘들지만 뒷바라지하는 부모들도 정말 힘이 듭니다. 이제 학교를 지어 달라고 정부에 당당히 요구해야 합니다."

동 마을 이장이 힘찬 목소리로 사람들을 향해 소리쳤다. 네 마을 사람들은 모두 그의 의견에 동의했다.

"어서 정부에 민원을 넣읍시다."

네 마을 이장들은 하나가 되어 학교 세우기에 앞장섰다. 정부도 이와 같은 사정을 모른 척할 수 없었다. 네 마을의 학생 수도 그리 적지 않았거니와, 아이들이 한 시간 이상 걸어서 등교하는 것이 현실적으로 매우 위험한 일이었기 때문이다.

"좋습니다. 학교를 지어 드리지요. 그런데 학교를 어디에 지어야 할지는 네 마을에서 합의하신 뒤 알려주셔야 합니다."

정부는 마을 사람들의 민원을 흔쾌히 받아들였다. 네 마을 이장은 각자 자기 마을로 돌아가 회의를 열었다.

"당연히 우리 마을에 지어야죠!"

"그럼, 물론이지. 학교는 우리 마을에 지어져야 마땅하지!"

각 마을에서는 모두들 자기 마을에 학교를 지어야 한다고 입을 모았다. 동서남북 마을을 각각 E, W, S, N이라고 할 때 네 마을의 위치는 이랬다.

네 마을의 이장과 마을 사람들이 빠짐없이 모였다. 동 마을 이장이 대표로 앞에 섰다.

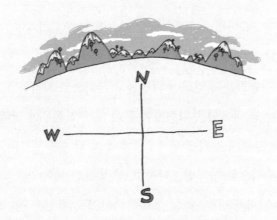

"다들 아시다시피 정부에서 우리 네 마을을 위해 학교를 지어 주기로 했습니다. 하하하!"

"와아!"

사람들은 모두가 염원했던 일이 이루어지자 박수를 치며 환호성을 질렀다.

"그런데 중요한 것은 학교를 어디다 짓느냐 하는 것입니다."

사람들은 순식간에 찬물을 끼얹듯이 조용해졌다.

"으흠! 제 생각으로는 저희 동 마을이 조용하고 공기도 좋고 하니까, 동 마을에 학교를 짓는 것이 좋을 것 같습니다. 하하하!"

"무슨 소립니까? 누구 좋으라고?"

서 마을 청년회장 장씨가 벌떡 일어나며 큰 소리로 말했다.

"그야 당연히 우리 서 마을에 지어야지요. 우리 서 마을의 윤지가 공부를 제일 잘하지 않습니까? 아마 네 마을을 통틀어도 우리 윤지만한 똑순이는 없을 겁니다. 가장 똑똑한 아이가 사는 곳에 학교를 지어야 하는 거 아닙니까? 그래서 결론을 말씀드리자면, 우리 서 마을에 학교를 세워야 한다 이겁니다. 하하하!"

서 마을 사람들은 청년회장 의견을 적극적으로 지지하였다. 그러 자 이번에는 남 마을의 부녀회장이 목에 핏대를 세우며 말했다.

"이봐요! 그렇게 따지면 몇 년 전에 우리 남 마을 두식이가 과학 대학교에 수석으로 합격했으니까 가장 똑똑한 마을 아닙니까? 두 식이 같은 인재가 나온 우리 남 마을이야말로 학교를 짓기에 제일 적당한 곳이 아닐까 생각되는데요. 안 그렇습니까?"

"맞습니다. 와아!"

남 마을 사람들은 부녀회장의 말에 폭발적인 반응을 보였다. 북 마을에서도 가만히 있을 수만은 없었다.

"자, 다들 진정하시고 제 얘기를 들어 보십시오. 저는 북 마을의 보건소장입니다. 우리 북 마을이 가장 건강한 마을이라는 건 모두 잘 아실 겁니다. 우리 북 마을은 장수 마을로 유명합니다. 마을 사 람들이 모두 건강하고 인심 좋기로 소문난 마을입니다. 공부도 건 강해야지 할 수 있는 것입니다. 아무리 똑똑해도 아프면 소용없습 니다. 안 그렇습니까? 건강한 환경에서 공부하는 것이 제일 중요합 니다. 여러분, 우리 북 마을에 학교를 지어야 우리 어린이들이 밝고 건강하게 자랄 수 있습니다. 으흠!"

북 마을 사람들은 모두 고개를 끄덕였다. 결국 네 마을 사람들은 서로 자기 마을에 학교를 짓겠다고 싸우기 시작했다. 너 나 할 것 없이 소리를 지르고, 남과 북 마을에서는 치고받기까지 했다. 그쯤 되자 네 마을 이장들이 우선 마을 사람들을 진정시키기 위해 나섰다.

"이렇게 회의를 하다가는 끝이 없을 것 같습니다. 오히려 마을 사람들 간에 싸움만 일어날 것입니다. 이성적으로 생각하여 학교 지을 곳을 정해야 하지 않겠습니까?"

"참 나, 이성적으로? 다들 자기 마을에 학교를 짓고 싶어 하는데 무슨 이성…… 쳇!"

네 마을 사람들은 이미 갈등의 골이 깊어질 대로 깊어졌다. 이장들은 이대로 있다가는 학교는커녕 오히려 사이만 멀어질 것 같아 다른 방법을 찾기로 했다.

"그럼, 가위 바위 보로 결정하는 것이 어떨까요? 아니면 제비 뽑기?"

"학교를 짓는 건 쉬운 문제가 아닙니다. 장난 칠 문제도 아니고요."

"그럼 어떡합니까? 이대로 있다가는 정말 마을 간에 사이만 안 좋아질 텐데요. 어떻게든 빨리 해결을 봐야 합니다."

"그럼, 수학법정에 의뢰를 하는 건 어떨까요?"

"수학법정?"

"그분들이라면 우리 네 마을이 안고 있는 문제를 풀어 줄 것 같은데요."

"좋소! 다 같이 수학법정으로 갑시다."

결국 네 마을 이장들은 수학법정에 이 문제를 의뢰하기로 했다.

학교를 P라 할때 삼각형 NPS와 EPW의 두 변의 합이
나머지 한 변보다 항상 길다는 점을 이용하면 P가 NS와
EW 선상에 있을 때 최소의 값이 되어
학교의 위치를 정할 수 있습니다.

동서남북 네 마을 모두
만족할 수 있는 학교는
어디에 세워야 할까요?
수학법정에서 알아봅시다.

🤡 재판을 시작합니다. 수치 변호사, 의견을
말해 보세요.

👩 이동식 학교를 만들면 어떨까요? 버스처럼
말이에요. 그럼 한 달씩 교대로 동서남북 마을을 돌면서 학교
를 운영하는 거예요. 그게 제일 공평할 것 같은데…….

🤡 말이 되는 소리 좀 하세요. 매쓰 변호사, 변론하세요.

🧑 이 문제는 간단합니다. P점을 학교의 위치라고 합시다. 그럼
P에서 네 점까지의 거리의 합은 NP＋SP＋EP＋WP가 되지
요. 그러니까 이 값이 최소가 되도록 P의 위치를 결정해야 합
니다. 이중에서 남북 방향만 봅시다. 그것은 NP＋SP죠?
NP＋SP는 삼각형 NPS에서 두 변의 길이의 합이니까 다른
한 변의 길이 NS보다 길지요. 그러니까 P가 NS 위에 있을 때
NP＋SP의 길이가 최소가 되는 겁니다. 이번에는 동서 방향
의 거리도 고려해 보죠. P는 EP＋WP가 최소가 되도록 결정
되어야 합니다. EP＋WP는 삼각형 EPW의 두 변의 길이의
합이니까 EW 길이보다 항상 큽니다. 그러니까 P가 EW 선상
에 있을 때 EP＋WP가 최소가 되는 것이지요. 그러므로 학교

는 EW를 잇는 선 위에 있어야 하고, NS를 잇는 선 위에 있어
야 하므로 두 선이 만나는 지점에 학교를 세우면 됩니다.

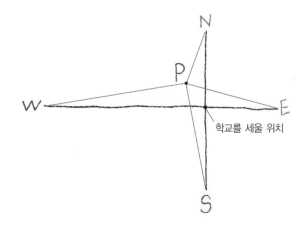

학교를 세울 위치

그러면 되겠군요. 이제 해결되었지요? 네 마을은 지금 매쓰
변호사가 말한 지점에 학교를 세우고, 사이좋게 살면서 인재
를 양성하기 바랍니다.

재판이 끝난 후 학교가 세워지자, 학생들은 등교를 하기 위해 아
침마다 서두르지 않아도 되어 학교 가는 것을 매우 즐거워했다. 그
리고 훗날 그 학교를 졸업한 학생들 중에는 사회에서 존경 받는 사
람들이 많았다.

연립 부등식

두 개의 부등식을 동시에 만족하는 문제를 다루어 보겠습니다.
이런 부등식을 연립 부등식이라고 합니다.

다음 문제를 살펴 봅시다.

어떤 정수의 2배에서 5를 빼면 7 이하이고, 그 정수의 3배에서 7
을 빼면 8 이상이라고 할때, 이 식을 만족하는 정수를 모두 구하여라.

구하는 수를 x라고 합시다. 이 수의 2배는 $2x$이고, 이것에서 5를
빼면 $2x-5$입니다. 이것이 7 이하이므로 다음과 같이 식을 쓸 수 있
습니다.

$2x-5 \leqq 7$ ①

또한 이 수의 세 배는 $3x$이고, 이것에서 7을 뺀 수는 $3x-7$입니
다. 이것이 8 이상이므로,

$3x-7 \geqq 8$ ②이 됩니다.

그러므로 구하는 수는 두 개의 부등식 ①과 ②를 동시에 만족해
야 합니다.

먼저 부등식 ①을 풀어 봅시다.

좌변의 5를 이항하면 $2x \leq 7 + 5$가 되고, 정리하면 $2x \leq 12$가 됩니다. 양변을 2로 나누면 $x \leq 6$ ③이 됩니다.

이번에는 부등식 ②를 풀어 보죠.

좌변의 7을 이항하면 $3x \geq 7 + 8$이 되고, 정리하면 $3x \geq 15$가 됩니다. 부등식의 양변을 3으로 나누면 $x \geq 5$ ④가 됩니다.

부등식 ①과 ②를 동시에 만족하는 x의 범위를 찾는 문제가, 부등식 ③과 ④를 동시에 만족하는 범위를 찾는 문제로 바뀌었습니다. 두 부등식을 동시에 만족하는 x의 범위는 $5 \leq x \leq 6$이 됩니다. 이것이 바로 두 부등식을 동시에 만족하는 x의 범위입니다. 이 식을 만족하는 정수는 5와 6입니다. 그러므로 구하는 정수는 5 또는 6이지요.

평균과 부등식에 관한 사건

가장 큰 통나무 책상

벼락 맞아 잘라진 둥근 통나무를 이용하여
크고 네모난 책상을 만들 수 있을까요?

사건속으로

신령 마을 입구에는 예로부터 내려온 300년 이상
된 나무가 한 그루 서 있었다. 마을 사람들은 모두
이 나무를 신처럼 섬기며 살아왔다. 마을 이장 역시
나무를 마을의 보물로 대우하였다.

"여러분, 이 나무가 우리 마을의 수호신입니다. 우리가 가뭄이며
홍수 같은 자연재해의 피해를 받지 않고 지금껏 행복하게 살 수 있
었던 것도 분명 이 나무의 힘입니다. 저는 그렇게 믿습니다. 조상
때부터 지금까지 300년 이상 우리들을 지켜 준 이 나무에 늘 고마
워하며 살아야 할 것입니다."

그러던 어느 여름날, 유난히도 비가 많이 내렸다. 천둥 번개가 마을을 여러 번 위협하였다. 잠을 이룰 수 없었던 사람들은 새벽이 되어서야 겨우 잠이 들었다. 그러던 중 갑자기 '쾅' 하는 소리와 함께 땅이 흔들렸다. 자고 있던 사람들이 모두들 놀라 집 밖으로 뛰쳐나왔다. 다행히 비는 그쳤으나, 원인을 알 수 없는 지진에 몸을 덜덜 떨어야 했다.

"이장님, 큰일 났습니다. 큰일이에요!"

호들갑을 떨며 김씨가 달려왔다. 김씨는 술을 어찌나 많이 먹었는지 코가 빨갛게 변해 있었다.

"김씨, 간밤에 또 술 먹었는가? 왜 이리 호들갑이여?"

"그, 그게 아니라…… 우리 나무가 쓰러졌어요."

"뭐? 우리 나무가?"

이장과 마을 사람들은 모두들 나무가 있는 자리로 달려갔다. 그야말로 난장판이었다. 300년 이상 된 큰 나무가 반으로 잘라진 채 쓰러져 있었다. 마을 사람들은 큰 재앙이 올 것이라며 수군대기 시작했다. 그때 마을에서 가장 나이 많은 황씨 할아버지가 입을 열었다.

"드디어 때가 왔구먼! 이 나무는 아주 신성한 나무요. 하지만 예로부터 이 나무로 만든 책상에서 공부를 하면 천재가 된다는 전설이 있지. 그래서 한때는 이 나무를 잘라 책상을 만들기 위해 너도나도 몰려들었지만, 이 나무에 도끼를 댄 사람들은 하나같이 죽음을 면치 못했어. 그런데 나무가 스스로 쓰러졌으니 이젠 책상을 만들어도 괜찮다는 뜻이겠지."

할아버지의 말을 듣고 있던 마을 사람들은 믿을 수 없다는 듯이 고개를 저었다. 누구보다도 나무를 소중하게 생각했던 이장이 할아버지 앞으로 나서서 말했다.

"이 할아버지가 노망이 났나? 감히 이 신성한 나무에 도끼질을 하라는 말입니까? 책상? 천재? 어디 말도 안 되는 소리로 사람들을 현혹시키는 겁니까? 이 나무는 절대 건드려선 안 됩니다."

그때 구멍가게 아줌마가 나섰다.

"저 쓰러진 나무를 치우지 않으면 차도 못 들어올 텐데…… 무슨 수로 밭일을 나가나?"

"……."

이장은 딱히 할 말이 없었다. 황씨 할아버지가 지팡이로 이장의 머리를 톡톡 치며 말했다.

"이장, 자네 아버지도 아마 30년 전쯤 자네 책상을 만들어 주려고 나무에 도끼질을 했었지? 그 뒤 마을 우물에 갑자기 빠졌……."

"아니에요, 아니라고요. 쳇!"

이장은 황씨 할아버지의 말이 채 끝나기도 전에 무섭게 자리를 떴다. 그러자 마을 사람들은 황씨 할아버지의 말을 믿기 시작했다. 그리고 다음 날, 마을 회의가 열렸다.

"황씨 할아버지의 말이 사실인 것 같네요. 저도 언젠가 그 이야기를 들은 것 같아요."

"맞아요! 이장님 아버님이 갑자기 돌아가셨다는 소리는 저도 들었죠. 그게 그 책상 때문이었다는 것은 어제 처음 알았지만……."

쑥덕거리던 사람들이 갑자기 조용해졌다. 이장이 마을 회관 문을 열고 들어온 것이다.

"여러분, 사실대로 말씀드리겠습니다. 황씨 할아버지의 말이 모두 사실입니다. 하지만 저 통나무로 책상을 만들게 되면 우리 마을 사람들 중 몇몇은 갖지 못하게 될 것이고, 그렇게 되면 큰 싸움이 일어나게 될 것입니다."

구멍가게 아줌마가 아이스크림을 한 입 물고는 말했다.

"최대한 서로 양보해서 책상을 크게 만들어 모두 같이 공부하면 되지 않을까요? 각자 나눠 갖는 것보다는 모두 모여서 공부하는 게 더 좋을 것 같은데…… 그럼 통나무를 큰 사각형으로 예쁘게 자르기만 하면 되잖아요?"

"그래요! 그렇게 합시다."

마을 사람들은 구멍가게 아줌마 말에 모두 찬성하였다. 이장도 더 이상은 반대할 수가 없었다. 드디어 나무를 반듯하게 자르고, 사람들이 그 주위에 빙 둘러섰다. 다들 자식들에게 줄 책상을 생각하니 벌써부터 천재 아이들을 둔 부모가 된 것처럼 기뻤다. 하지만 이장은 아직도 떨떠름한 표정이었다.

"그럼 가로 세로의 비율은 어떻게 해서 잘라야 할까요? 최대한 큰 책상이 되게 하려면……."

마을 사람들은 마음만 앞섰을 뿐 막상 책상을 만들려고 하자, 어떻게 해야 할지 몰라 모두들 당황하였다. 이장 역시 딱히 떠오르는 방법이 없었다.

"이제 저녁 먹을 시간도 되고 했으니 내일까지 각자 좋은 방법을 생각해 오도록 합시다."

마을 사람들은 밥상에 앉아서도 책상 만들 방법을 궁리하느라 밥이 입으로 들어가는지 코로 들어가는지 몰랐다. 그러나 아무리 생각해도 좋은 방법이 떠오르지 않았다. 다음 날, 날이 밝자 마을 사람들은 다시 둥근 통나무 앞으로 모여들었다.

"다들 좋은 생각이 떠올랐는가?"

"……."

아무도 말을 하지 못했다. 이장이 고소하다는 듯이 말했다.

"구멍가게 아주머니도 오늘은 입에 꿀을 바르셨나? 아무 말이 없으시네. 그럼 저 나무는 그냥 그대로 둡시다!"

자존심이 상한 구멍가게 아줌마가 두 손을 번쩍 들었다.

"아주머니, 한 손만 들어도 되는데…… 뭐 좋은 방법이 있습니까? 두 손 다 번쩍 들게?"

"그냥 동그랗게 만들어 쓰면 되지요."

"그래! 바로 그거야!"

마을 사람들은 모두들 하나같이 고개를 끄덕였다. 그런데 그때.

황씨 할아버지가 지팡이로 땅을 톡톡 치며 말했다.

"그건 효력이 없습니다. 예전부터 나무가 반으로 잘라졌을 때, 동그란 통나무에서 가장 크게 만들 수 있는 직사각형 모양의 책상을 만들어 그 위에서 공부를 해야만 천재가 될 수 있다고 했습니다. 그냥 통나무에서 동그랗게 모여 앉아 공부를 한다면 아무 효력이 없습니다. 반드시 책상 모양을 갖추어야 신비한 힘이 나타난다고 했습니다."

그때였다. 청년회장 장씨가 손을 들었다.

"저기, 우리끼리는 도저히 해결 방안을 생각해 낼 수가 없는 것 같습니다. 그래서 말인데, 이번 통나무 책상 문제를 수학법정에 의뢰하는 것이 어떨까요? 그분들은 이 문제를 깔끔하게 해결해 줄 수 있을 것 같은데요."

"좋은 생각이에요."

"그렇게 합시다."

마을 사람들은 청년회장 장씨의 말에 박수를 치며 환호성을 질렀다. 어쩔 수 없이 마을 이장은 다음 날, 수학법정에 이번 통나무 책상 문제를 의뢰하였다.

원형의 단면에 가장 큰 사각형을 구하려면
'산술 평균≧기하 평균' 공식을 활용합니다.

나무의 둥근 단면으로 가장 큰
사각형 책상을 만들기 위해서는
어떻게 해야 할까요?
수학법정에서 알아봅시다.

재판을 시작하겠습니다. 사각형의 넓이를
가장 크게 하려면 가로와 세로의 비율을 어
느 정도로 해야 하는지 의뢰가 들어온 사건
입니다. 변호사님들의 의견을 제시해 주십시오. 먼저 수치 변
호사, 변론하십시오.

300년 이상 된 나무는 상상만으로도 굉장히 클 것이라는 생
각이 드는군요. 작은 마을이라 학생들이 그리 많지 않을 것이
므로 굳이 큰 책상을 만들려고 애쓰지 않아도 충분히 사용할
수 있을 것이라 생각됩니다. 그러니 애써서 그렇게 큰 책상을
만들려고 머리 아프게 고민할 필요가 없을 듯합니다. 적당히
만들면 될 것 같군요.

아무리 나무가 크더라도 그것은 우리에게 문제를 의뢰한 사람
들에 대한 예의가 아닙니다. 그리고 나무를 낭비하지 않고 크
게 책상을 만들 수 있다면 좋은 일입니다. 성의 있는 답변을
부탁드립니다.

제 머리에서는 그게 제일 좋은 생각인데요. 웬만하면 머리로
생각하는 일을 싫어해서요. 하하하! 매쓰 변호사는 심심할 때

마다 생각하는 게 취미이자 특기니까 좋은 안건이 나오지 않을까 합니다. 하하하!

🤡 아이쿠! 매번 매쓰 변호사에게 밀리면서 매쓰 변호사를 추천까지 하다니, 자존심도 안 상하나 봅니다. 아무튼 수치 변호사의 말대로 매쓰 변호사에게 기대를 해야겠군요. 매쓰 변호사는 좋은 의견 있습니까?

😀 이 문제는 산술 평균, 기하 평균을 이용하는 것이 좋을 것 같습니다.

🤡 산술 평균과 기하 평균이 무엇입니까?

😀 산술 평균은 수리통계학의 평균 계산법으로, n개의 변수가 있을 때 이들의 합을 변수의 개수 n으로 나눈 값이고, 기하 평균은 n개의 양수가 있을 때 이들 수의 곱의 n제곱근 값입니다. 기하 평균은 산술 평균보다 크지 않습니다. 따라서 산술 평균 ≧ 기하 평균이라고 씁니다.

🤡 산술 평균과 기하 평균을 이용하여 계산하면 결과가 어떻게 나옵니까?

😀 사각형의 값이 가장 큰 경우를 찾아내기 위해 산술 기하평균을 이용하여 계산하는 과정을 설명해 주실 분을 모셨습니다. 증인은 수학만 박사님입니다.

🤡 증인은 증인석으로 나오십시오.

옆구리에 계산기를 끼고 헐레벌떡 들어온 50대 후반
의 남성이 증인석에 앉았다.

원형의 나무 단면으로 가장 큰 사각형의 책상을 만들려고 합
니다. 가로 세로를 얼마로 하는 것이 좋겠습니까?

매쓰 변호사의 말씀처럼 '산술 평균 ≧ 기하 평균'을 이용하면
됩니다. 가로 길이의 반을 a, 세로 길이의 반을 b라고 두면 산
술 평균은 $\dfrac{a+b}{2}$이고, 기하 평균은 $\sqrt{ab}$이므로 $\dfrac{a+b}{2} \geq \sqrt{ab}$입
니다. 이때 등호는 a=b일 때 성립한다는 것이 잘 알려져 있
습니다.

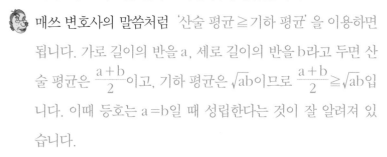

이 산술·기하 평균의 관계를 어떻게 면적을 구하는 것에 응
용할 수 있을까요?

a 값에 a^2, b 값에 b^2를 넣으면 $\dfrac{a^2+b^2}{2} \geq \sqrt{a^2b^2}$이 됩니다. 여기

 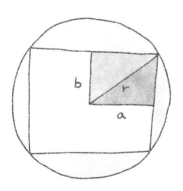

서 $\sqrt{a^2b^2}=ab$가 되며, 양변에 2를 곱하면 $a^2+b^2 \geq 2ab$가 됩니다. 양변에 한 번 더 2를 곱해 보세요.

양변에 한 번 더 2를 곱하면 $2(a^2+b^2) \geq 4ab$가 되는군요.

가로와 세로 길이의 반값을 a, b라고 두었으므로 ab 값은 사각형 책상 넓이의 $\frac{1}{4}$이 되고, 4ab는 사각형 책상의 면적이 됩니다. a, b를 가로, 세로로 가진 사각형의 대각선을 r이라고 하면 r 값은 원의 반지름으로, 피타고라스의 정리에 의해 $a^2+b^2=r^2$이 됩니다. 그러므로 $4ab \leq 2(a^2+b^2)=2r^2$이 됩니다. 따라서 면적이 제일 클 경우는 등호가 성립하는 경우죠. 즉 a=b일 때입니다.

나무 단면의 가로 길이와 세로 길이를 같게 할 경우에 제일 큰 면적을 가진 사각형 책상을 만들 수 있다는 거군요. 같은 나무로 책상을 더 크게 만들 수 있다면, 신령 마을 사람들에게 유용한 정보가 될 것이라고 생각합니다.

가로와 세로의 값을 같게 할 때 나무의 사각형 면적이 가장 넓어진다는 결론을 얻었군요. 신령 마을에 이 사실을 빨리 알리도록 하십시오. 넓은 책상을 만들어 학생들이 열심히 공부할 수 있도록 해 준, 뿌듯한 사건이었다고 생각됩니다. 이상으로 재판을 마치겠습니다.

재판 후, 가장 넓은 사각형을 만들 수 있는 방법을 알게 된 마을

사람들은 나무를 이용해 최대한 큰 책상을 만들었다. 그 마을 학생이 모두 앉을 수 있을 만큼 큰 책상이라 마을 사람 모두 불만이 없었다.

 산술 평균과 기하 평균

a, b가 양수일 때 $\dfrac{a+b}{2} \geq \sqrt{ab}$ (등호는 a=b일 때 성립)이다.

이것을 간단하게 증명해 보자. $\dfrac{a+b}{2} - \sqrt{ab} = \dfrac{a+b-2\sqrt{ab}}{2} = \dfrac{(\sqrt{a}-\sqrt{b})^2}{2} \geq 0$이다.

여기서 등호는 a=b일 때 성립함을 알 수 있다.

평균 속력으로 승부를 내는 경기

디피컬트산을 왕복한 마이클의
평균 속력은 얼마일까요?

자전거를 잘 타기로 유명한 마이클은 마을에서 유
명한 학생이었다. 그가 어찌나 빨리 달리는지 그의
자전거가 지나가면 바람이 쌩 하고 불었는데, 사람
들이 뭐가 지나갔나 하며 두리번거릴 정도였다.

"마이클, 엄마 심부름 좀 하렴."

"네? 무슨 일이에요?"

"이 애플파이를 산 너머에 사는 레드 할머니께 전해 드리고 오면
된단다. 먼 길이니까 조심해서 다녀오렴. 자전거도 천천히 타고!"

"걱정하지 마세요. 제가 금방 다녀올게요."

마이클은 엄마와 단둘이 살고 있었다. 엄마의 심부름이라면 자다가도 벌떡 일어날 정도로 유명한 효자였다. 그는 산 너머 레드 할머니 댁에 가기 위해 자전거에 올라탔다. 바구니 안에는 애플파이가 가득 든 상자를 담았다.

'식기 전에 갖다 드려야지!'

마이클은 자전거 페달을 밟자 무서운 속도로 달리기 시작했다. 산 너머까지는 30분도 채 걸리지 않았다. 걸어서 가면 네 시간은 족히 걸렸을 거리였다.

'똑똑똑!'

"할머니, 레드 할머니!"

"누구세요?"

힘없는 목소리의 할머니가 구부정한 모습으로 문을 열었다.

"오! 마이클이구나?"

"엄마가 애플파이를 구우셨어요. 할머니께 전해 드리라고 해서요. 아직 따뜻하니까 맛있게 드세요."

할머니는 먹음직한 애플파이를 한 입 베어 물었다.

"아이고, 뜨끈뜨끈하구나. 얼마나 빨리 달렸으면 파이가 아직도 뜨거운 게냐? 우리 마이클은 정말 자전거 선수구나."

"아니에요, 할머니. 하하하!"

마이클은 할머니의 칭찬에 얼굴을 붉히며 머리를 긁적였다.

"할머니, 그럼 전 이만 집에 가 보겠습니다. 맛있게 드세요."

"그래. 참, 마이클, 잠깐 기다려 보거라."

할머니는 집 안으로 들어가시더니 전단지를 한 장 들고 나오셨다.

"옆 마을에서 붙여 놓고 간 전단지란다. 자전거 대회를 한다는구나. 마이클 너라면 충분히 일등 할 것 같아서 내가 버리지 않고 가지고 있었단다. 상품도 준다고 하던데…… 그 부분이 찢겨져서 안보이는구나."

"감사합니다. 이 전단지 제가 가지고 갈게요."

"그래, 조심히 가거라."

마이클은 할머니가 전해 준 전단지를 유심히 살펴보았다. 그러더니 갑자기 옆 마을로 자전거 방향을 돌렸다. 때마침 지나가던 그 마을 사람에게 자전거 대회에 관해 물어보았다.

"자전거 대회 상품이 뭐예요?"

"아, 상품이 아니라 상금이란다. 1,000달란이라고 하던데. 정말 어마어마하지?"

"1,000달란이요? 정말이에요?"

"그럼 정말이고말고! 이번에는 무슨 10주년인가 기념해서 상금이 지난해에 비해 열 배나 올랐다고 하더구나. 그 돈이면 복권에 당첨된 거나 다름없지 뭐."

순간 마이클은 엄마와 함께 살고 있는 허름한 집이 생각났다.

'그래, 이 돈이면 엄마와 살 멋진 집을 구할 수 있을 거야.'

마이클은 전단지를 접어서 주머니에 넣고 서둘러 집으로 돌아왔다. 엄마는 생각보다 늦어지는 아들의 귀가를 걱정하고 계셨다.

"엄마!"

"마이클, 오늘은 왜 이리 늦었니?"

"나 자전거 대회에 나갈래요. 옆 마을에서 자전거 대회가 열린다고 해서 다녀온 길이에요. 상금도 자그마치 1,000달란이나 된대요."

"뭐? 안 된다. 그 자전거 대회는 험한 산에서 치러지는 거라 자칫하면 목숨을 잃을 수도 있어. 엄마는 네가 대회에 나가는 거 절대 반대니까, 꿈도 꾸지 마!"

엄마의 대답은 너무나 단호했다. 하지만 마이클은 잠자리에서도 상금이 떠올라 잠을 이룰 수가 없었다. 다음 날부터 마이클은 엄마 몰래 맹연습에 들어갔다. 험악하기로 소문난 산들은 죄다 돌아다니면서 자전거를 탔다. 수도 없이 넘어져서 무릎이 다쳐도 집에 들어갈 때는 최대한 힘을 줘서 엄마가 눈치 채지 못하게 했다.

대회가 일주일쯤 앞으로 다가온 어느 날이었다. 무리한 연습으로 팔을 다친 마이클은 식사를 하다가 숟가락을 떨어뜨리고 말았다. 마이클은 팔이 아파서 숟가락을 다시 집는 것조차 힘이 들었다. 그 순간 엄마가 아들의 소매를 걷어붙였다.

"어머! 마이클, 이게 어떻게 된 거니?"

"그, 그게……."

"너 친구들이랑 싸우기라도 한 거야?"

"사실, 자전거 연습을 하다가 다쳤어요."

"뭐? 자전거 연습? 생전 자전거에서 떨어진 적도 없는 애가 자전거를 타다가 다쳤다고? 어디서 탔기에?"

"그 디피컬트산에서……."

"그 험악한 산에는 왜? 너 설마…… 그 자전거 대회에 나가려는 거니?"

"죄송해요. 꼭 나가고 싶어요. 저 잘할 수 있어요!"

"안 돼! 이렇게 다치면서 무슨 대회야? 절대 안 된다. 엄마는 분명히 말했어. 안 돼! 앞으로 다시는 그 자전거 대회 이야기 입에 담지도 마!"

마이클은 이제 와서 그만둘 수 없었다. 한 달 동안 열심히 연습했는데 일주일 남겨 놓고 포기할 수는 없는 노릇이었다. 결국 엄마 몰래 대회에 참가하기로 결심했다.

'엄마도 반대하시지만, 내가 일등 하면 누구보다 좋아하실 거야!'

다행히도 대회가 열리는 날 엄마는 이웃집 결혼식에 가시느라 마이클에게 신경 쓸 겨를이 없었다.

"자, 지금부터 우리 모터 마을에서 주최하는 자전거 대회를 시작하겠습니다. 저희는 험악하기로 유명한 디피컬트산을 왕복으로 달려, 그 평균 속력이 가장 빠른 사람에게 우승 상금 1,000달란을 드리겠습니다. 디피컬트산은 초보자에게는 죽음의 산이라 불리고, 전문가들에게는 스릴의 산으로 불립니다. 모쪼록 아무 사고 없이 무사히 돌아오시길 바랍니다. 자, 출발!"

시작을 알리는 사회자의 우렁찬 목소리와 함께 마이클은 있는 힘껏 페달을 밟기 시작했다. 처음에는 3등으로 달리다가 앞에 가던 자전거가 산 밑으로 굴러 떨어지는 바람에 마이클은 2등으로 달리게 되었다. 눈앞에서 사람이 다치자 마이클도 손에 땀이 나기 시작했다. 겁도 나고, 당장이라도 그만두고 싶었지만 고생하시는 어머니를 위해 꾹 참고 달리기를 멈추지 않았다. 결승선에 다다랐을 때쯤 앞의 자전거와 거의 동시에 결승선을 통과하였다. 마이클은 숨을 헐떡이며 결과를 기다렸다.

"자, 여러분, 드디어 결과가 나왔습니다. 우리 모터 마을의 쌤이 평균 속력 10으로 우승을 차지하였습니다. 축하드립니다."

마이클은 인정할 수가 없었다. 그래서 주최 측에 따져 물었다.

"이봐요, 제 평균 속력은 얼마죠? 거의 동시에 들어왔는데⋯⋯. 그리고 아까 시합 때는 제가 더 빨랐어요."

주최 측은 자료를 뒤적거렸다.

"음, 갈 때는 초속 5미터, 올 때는 초속 20미터군요. 그럼 평균 속력이 8이잖아요? 그러니까 평균 속력이 10인 우리 마을의 쌤이 우승이잖아요."

"네? 말도 안 돼. 5와 20의 평균은 12.5잖아요. 그럼 당연히 제가 우승이고요. 이 대회는 사기예요!"

마이클은 분한 마음에 엉엉 소리를 내며 울었다. 그때 마침 그 앞을 지나가던 마이클의 엄마가 아들이 울고 있는 것을 보고 달려왔다.

"마이클 무슨 일이니? 네가 왜 여기 있니?"

"사실은 엄마 몰래 자전거 대회에 출전했는데…… 분명히 제가
우승인데, 다른 사람에게 우승이 돌아갔어요."

"뭐라고?"

"제 평균 속력은 12.5인데 8이라고 우기면서 쌤이라는 사람에게
우승 상금을 줬어요. 엉엉!"

마이클 엄마는 우는 아들을 보자 가슴이 아팠다. 하지만 이미 우
승은 쌤에게 돌아갔고, 상금 1,000달란도 쌤이 움켜쥐었다. 그러
자 마이클과 엄마는 수학법정으로 달려가 주최 측을 고소하기에
이르렀다.

평균 속력은 전체 거리를 시간으로 나누면 되므로
마이클의 평균 속력은 $\dfrac{2s}{\dfrac{s}{5} + \dfrac{s}{20}}$ 로 구할 수 있습니다.

평균 속력과 조화 평균에는
어떤 관계가 있을까요?
수학법정에서 알아봅시다.

재판을 시작하겠습니다. 자전거 대회 결과
에 이의를 제기한 사람이 고소를 했다는군
요. 고소를 한 원고 측 변론하십시오.

원고는 자전거 대회에서 우수한 기록을 세웠습니다. 하지만
주최 측에서는 원고의 평균 속력이 쌤이라는 사람의 평균 속
력보다 작다며 쌤이라는 사람에게 우승 상금을 주었습니다.
원고의 평균 속력 계산이 잘못된 것 같습니다. 주최 측에서는
평균 속력을 다시 계산해 주어야 할 것입니다.

원고 측에서 계산한 원고의 평균 속력은 얼마로 나왔습니까?

원고의 속력은 갈 때 초속 5미터이고, 올 때 초속 20미터입니
다. 따라서 두 값을 합하면 초속 25미터이고, 평균을 구하기
위해 2로 나누면 초속 12.5미터라는 결과를 얻을 수 있습니
다. 따라서 초속 10미터인 쌤보다 앞서는 기록이지요.

계산 방법이 맞습니까? 뭔가 이상한데요. 일단 알겠습니다.
피고 측의 변론을 들어 보겠습니다.

원고 측의 변호사는 평균 속력에 대해 제대로 아는지 모르겠
군요. 그냥 무조건 더해서 나눈다고 평균 속력이 되는 게 아닙

니다. 평균 속력이란 전체 이동 거리를 시간으로 나눈 값을 말합니다. 따라서 전체 이동 거리와 시간을 얻어야 하지요.

피고 측에서는 평균 속력을 구해 보았습니까?

물론입니다. 보다 믿을 수 있는 변론을 위해 평균 속력을 계산해 주실 증인을 요청하고 싶습니다. 증인은 과학스피드재단의 이사장이신 나빨라 님이십니다.

증인 요청을 받아들이겠습니다. 증인은 앞으로 나오십시오.

눈매가 무섭게 생긴 호리호리한 체구의 남자가 판사의 말이 끝나기가 무섭게 눈 깜짝할 사이도 없이 증인석으로 달려와 앉았다.

정말 빠르시군요. 이번 자전거 대회에서는 평균 속력으로 등수를 정한다고 합니다. 평균 속력을 구할 수 있습니까?

평균 속력을 구하기 위해서는 전체 거리를 구해야 합니다. 이번 대회의 거리가 얼마인지 모르지만, 일정한 거리를 왕복하는 것이라고 하니, 거리를 s로 두고 s 거리를 왕복하는 것이므로 전체 거리는 $2s$가 됩니다.

평균 속력을 구하기 위해서는 전체 거리를 걸린 시간으로 나누어야 하므로, 걸린 시간을 구해야 합니다. 시간은 어떻게 구합니까?

속력은 시간에 대한 거리이므로 시간을 구하려면 거리를 속도로 나누면 됩니다. 따라서 가는 데 걸린 시간은 거리 s를 갈 때의 속도 5로 나눈 것이 되고, 오는 데 걸린 시간은 거리 s를 올 때의 속도 20으로 나누면 됩니다. 그리고 전체 시간은 두 시간을 더하면 되지요. 따라서 전체 걸린 시간 $t = \dfrac{s}{5} + \dfrac{s}{20}$입니다.

평균 속력은 전체 거리를 시간으로 나누면 되므로 전체 거리 2s를 전체 시간 $t = \dfrac{s}{5} + \dfrac{s}{20}$로 나누면 되나요?

그렇습니다. 식이 좀 복잡한 느낌도 들지만 계산하다 보면 s 값이 위아래 약분이 되므로 간단해집니다.

그렇군요. 모르는 값 s를 어떻게 해결해야 하는가를 두고 고민할 뻔했는데, 약분으로 소거가 된다니 문제없겠군요.

맞습니다. 그러므로 평균 속력은 $\dfrac{2s}{\frac{s}{5} + \frac{s}{20}}$가 됩니다. 분모의 값을 통분하여 정리하면 $\dfrac{2s}{\frac{4s+s}{20}} = \dfrac{2s}{\frac{5s}{20}} = \dfrac{2s \times 20}{5s}$가 됩니다. 결과적으로 평균 속력은 $\dfrac{40s}{5s} = 8$이 되지요. s 값은 위아래 약분되어 소거된 거고요.

원고인 마이클 학생의 평균 속력은 8이군요. 원고는 자신의 평균 속력이 12.5로 쌤보다 앞선다고 주장했지만, 마이클의 속력은 주최 측의 계산과 동일한 8이라는 결과가 나왔습니다. 따라서 우승자는 변동이 없으며 마이클에게 우승 상금은 줄 수 없습니다.

증인의 정확한 계산으로 마이클 학생의 평균 속력을 알아보았습니다. 마이클 학생은 자신이 우승자가 되지 못한 걸 이제 인정할 수 있겠지요? 우승자는 되지 못했지만 자신의 평균 속력이 왜 8이 되었는지 속 시원히 알 수 있었으니 보람 있는 시간이 되었으리라 생각합니다. 자전거 대회의 우승자는 변동 없이 쌤이 차지했음을 알려드리겠습니다. 이로써 재판을 마치도록 하겠습니다.

재판이 끝난 후 자신의 평균 속력이 8이 된 이유를 알게 된 마이클은 아쉽지만 정정당당하게 결과를 받아들이기로 했다. 비록 우승을 하지는 못했지만, 다음에 경기가 있다면 꼭 일등을 하겠다고 다짐하며 쌤에게 축하해 주었다.

 기하 평균과 조화 평균

a, b가 양수일 때 $\sqrt{ab} \geq \dfrac{2ab}{a+b}$ (등호는 a=b일 때 성립)이다. 이것을 간단하게 증명해 보자.

$$\sqrt{ab} - \frac{2ab}{a+b} = \frac{\sqrt{ab}(a+b) - 2ab}{a+b} = \frac{\sqrt{ab}(a+b-2\sqrt{ab})}{a+b} = \frac{\sqrt{ab}(\sqrt{a}-\sqrt{b})^2}{a+b} \geq 0$$

도로 표지판의 개수

산골 마을에 세울 도로 표지판의 개수를
미리 알 수 있는 방법은 없을까요?

끼이익 쿵!

또 교통사고가 일어났다. 산골 마을에서는 울퉁
불퉁한 길 때문에 그 길을 지나가던 많은 차들이 교
통사고를 당했다. 자다가 '쿵' 하는 소리가 나도 마을 사람들은 이
제 더 이상 놀라지 않았다.

'어떤 차가 또 사고를 당했네. 불쌍해라!'

이렇게 생각하고는 다시 잠자리에 들 정도였다. 이렇듯 산골 마
을에서 교통사고가 갈수록 늘어나자, 과학공화국에서는 이 마을에
도로를 만들기로 결정했다. 마을에서는 이에 대한 회의가 열렸다.

마을 이장이 앞에서 회의를 이끌어 가고 있었다.

"다름이 아니라, 우리 산골 마을에 좋은 소식이 생겼습니다. 나라에서 우리 마을에 도로를 만들어 주겠다고 합니다. 그동안 빈번한 교통사고 때문에 걱정이 많았는데, 도로가 새로 생기면 마음 편히 지낼 수 있을 것 같습니다. 내일 시장과 시공업자들이 마을을 방문할 예정이니 다들 그렇게 알고 계십시오. 허허허!"

마을 사람들은 너 나 할 것 없이 기뻐했다. 교통사고에 익숙해졌다고는 하지만 간혹 사람이 크게 다치는 사고가 일어날 때면 여간 신경이 쓰이는 게 아니었다.

"저기, 근데 이장님!"

청년회장 만복이가 주저하다가 손을 번쩍 들었다.

"왜 할 말 있는가?"

"도로를 얼마나 크게 만든다는 겁니까?"

"그거야 내일 사람들이 와 봐야 알지. 뭐 한 300km² 정도 될 거라고 하던데. 아무튼 도로를 크게 낼 거니까 걱정 말게, 허허허!"

"네."

다음 날 시공업자가 산골 마을을 방문했다. 시공업자는 울퉁불퉁한 길을 보며 경악을 금치 못했다.

"세상에, 길이 이렇게 험악하니까 사고가 발생할 수밖에요. 진작 공사를 하셨으면 사고가 많이 줄었을 텐데……."

이장이 겸연쩍게 웃으며 말했다.

"그게, 우리도 몇 번이나 도로를 만들어 달라고 했는데 민원이 안 받아들여지더라고요. 아무튼 이제라도 도로를 만들 수 있게 되어 다행입니다. 허허허!"

시공업자는 도로를 꼼꼼히 체크했다. 그리고 마을 회관으로 가서 마을 사람들에게 공사 계획에 대해 설명하고 협조를 부탁했다.

"공사는 내일부터 당장 시작할 것입니다. 이걸 보시지요."

시공업자는 책상 위에 설계도를 펼쳐 보였다.

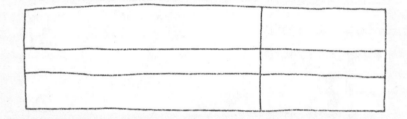

"이렇게 만들 것입니다. 도로의 크기는 300km²이고, 직선 도로 1km마다 표지판을 세울 것입니다. 그리고……."

"저기요!"

만복이가 큰 소리로 시공업자의 말을 잘랐다.

"무슨 일이시죠?"

"그 표지판 말인데요. 제 생각에 표지판마다 재미있는 글을 써 넣으면 어떨까요?"

"네?"

뜬금없는 청년회장의 말에 시공업자는 할 말을 잃었다. 하지만 순박한 마을 사람들은 만복이의 말에 동요하기 시작했다.

"그래, 좋은 생각이야!"

"그렇게 합시다!"

시공업자는 안 그래도 바쁜데 표지판에 글을 새기자고 하니 답답한 노릇이었다. 하지만 마을 사람들의 의견을 무시할 수는 없었다.

"좋습니다. 표지판에 글을 써넣는 것은 여러분들이 알아서 하십시오. 아무튼 내일부터 공사에 들어가게 되면 도로가 통제될 테니, 시내에 가시려면 우회하셔서 다른 길로 좀 돌아가시기 바랍니다. 모두들 협조 부탁드립니다."

마을 사람들은 표지판에 뭐라고 적을지에 온 관심을 집중시키고 있었다. 시공업자가 앞에 서 있는데도, 자기들끼리 이미 회의를 진행하고 있었다.

"우리 마을 사람들 이름을 새기는 건 어떨까요? 호호호, 정말 재미있을 것 같아요."

"별명을 쓰는 건 어떨까?"

"우리 마을을 지나는 사람들에게 교훈이 되는 글을 적는 것도 좋을 것 같아. 예를 들면 착하게 살자, 예쁘게 살자, 같은 말 있잖아."

"오호, 그거 좋다! 그럼 누가 쓰지?"

"누구긴! 우리 마을에서 붓글씨 가장 잘 쓰시는 황씨 할아버지가 쓰면 되지. 호호호!"

마을 사람들은 벌써 어떤 글귀를 적어 넣을지, 누가 쓸 것인지,

모두 결정했다. 딱히 할 말이 없어진 시공업자는 마을 회관을 빠져 나왔다. 날이 밝자 도로를 만들기 위한 각종 장비들이 마을로 들어 왔다. 인심 좋은 마을 사람들은 일하는 사람들을 위해 먹을거리를 준비했다. 마을은 순식간에 잔칫집이 되어 버렸다.

"아이고, 좋구먼! 우리 마을에 도로도 생기고, 덕분에 이렇게 맛 있는 음식도 잔뜩 먹고. 호호호!"

"새참 좀 드시고 쉬엄쉬엄 하세요."

마을 사람들은 마냥 신이 나 있었다. 인부들도 마을 사람들이 준 비해 준 음식을 먹고 더욱더 열심히 일했다. 시공업자도 사람들과 어울리며 허물없이 지내고 있었다. 황씨 할아버지는 표지판에 글을 적어 넣기 위해 아침부터 먹을 갈고 있었다. 그때 공사 관계자로 보 이는 한 젊은 청년이 시공업자에게 달려왔다.

"저기, 지금 표지판 회사에서 전화가 왔는데요. 몇 개 정도 보내 야 하는지 물어보는데요?"

"표지판? 음……."

시공업자는 골똘히 생각에 빠졌다. 마을 사람들도 모두 표지판이 몇 개 정도 필요할지 생각하고 있었다. 시공업자는 한참 동안 말이 없다가 입을 열었다.

"표지판이 하나에 얼마지? 비싼가?"

"글을 적어야 한다고 해서 품질 좋은 걸로 주문하려고 하니까 하 나에 50달란은 줘야 할 거예요."

"50달란이면 적은 액수는 아닌데…… 그럼 조금 넉넉히 주문했다가 환불하는 건 안 되나?"

"그게, 환불은 안 된다고 하네요."

"그럼 딱 맞춰서 주문해야 한다는 말이군."

사람들은 모두 같은 고민에 빠져 있었다. 그때 전화 벨소리가 울렸다.

따르릉…….

시공업자 전화기에서 나는 소리였다.

"여보세요?"

"나 시장이네. 공사는 잘 진행되고 있는가?"

"네, 시장님. 근데 표지판을 세우는 일이 아직 해결되지 않았습니다."

"표지판? 무조건 최소한의 경비로 하게!"

"하지만 1km마다 표지판을 세우려면 어느 정도는 필요합니다. 게다가 마을 사람들이 표지판에 글귀를 적어 넣겠다고 해서 품질 좋은 걸로 주문해야 할 것 같습니다."

"표지판이 하나에 얼마지?"

"50달란입니다."

"50달란? 너무 비싸구먼. 안 돼. 예산이 부족하니까 표지판은 대충 세우라고!"

"그래도 공사를 대충 할 수는 없습니다."

'뚜우우우…….'

시장은 자신이 할 말만 하고 전화를 끊었다. 시공업자는 양심상 공사를 대충 할 수는 없었다.

'적어도 1km마다 설치하려면 정확히 몇 개가 필요할까?'

아무리 생각해도 답이 나오지 않았다. 도로는 다 만들어졌지만 표지판을 세우지 못하고 있었다. 마을 사람들은 시공업자에게 어서 표지판을 주문하라고 재촉하기 시작했다. 그래서 어쩔 수 없이 표지판을 조금 넉넉히 주문하려고 하자 이를 안 시장이 시공업자에게 수학법정에 의뢰할 것을 권유했다. 결국 시장과 시공업자는 이번 사건을 수학법정에 정식으로 의뢰하기로 하였다.

도로에 설치하는 표지판의 수를 구할 때
중복되는 부분을 고려해야 합니다.

여기는 수학법정

도로 표지판은 몇 개
설치해야 할까요?
수학법정에서 알아봅시다.

수치 변호사, 기대는 안 하겠지만 의견을
말해 보세요.

정말 모르겠어요. 대충 넉넉하게 주문하면
안 될까요? 남으면 돌려보내고요. 뭐 이런 문제까지 수학법정
에서 다뤄야 하는지…… 안 그래도 재판할 게 많은데…….

수치 변호사가 언제 수학적으로 변론한 적 있나요?

끙!

매쓰 변호사는 뭔가 팍 하고 떠오르는 게 있죠? 믿습니다.

고맙습니다. 그럼 다음 그림을 보시죠. 가로 도로의 길이를 x,
세로 도로의 길이를 y라고 합시다. 이때 길이가 x인 도로가

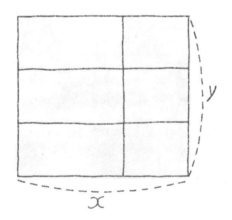

몇 개죠?

네 개요.

길이가 y인 도로는요?

세 개요.

도시의 넓이가 300km²이므로 $xy=300$입니다. 그런데 $x$km 인 도로에는 $(x+1)$개의 표지판이 필요하고 $y$km인 도로에는 $(y+1)$개의 표지판이 필요합니다.

왜 한 개씩 더 필요한 거죠?

네 사람이 1미터 간격으로 서 있으면 전체 길이는 4미터가 아 니라 3미터가 되잖아요? 그런 논리입니다.

그렇군요.

그런데 다음 그림의 점이 있는 곳은 x인 도로와 y인 도로에서 중복되어 헤아려졌습니다. 그러니까 그 개수만큼 빼 주어야

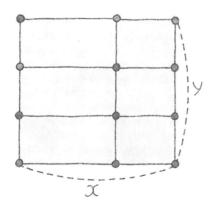

하지요. 결과적으로 표지판의 개수는 다음과 같습니다.

$4(x+1)+3(y+1)-12=4x+3y-5$

이때 (산술 평균)≧(기하 평균)이므로 $4x+3y-5≧2\sqrt{4x\times3y}-5$가 되고 $xy=300$이므로 $4x+3y-5≧115$입니다. 그러므로 표지판의 수는 115개 이상이 되어야 합니다.

명쾌한 판결이군요. 그럼 표지판 수는 115개로 확정합니다.

a, b, c가 모두 양수일 때 $\dfrac{b+c}{a}+\dfrac{c+a}{b}+\dfrac{a+b}{c}$의 최솟값

분수를 다음과 같이 분리해 보자. $\dfrac{b}{a}+\dfrac{c}{a}+\dfrac{c}{b}+\dfrac{a}{b}+\dfrac{a}{c}+\dfrac{b}{c}$

서로 역수 관계인 것끼리 묶어 보면 $\left(\dfrac{b}{a}+\dfrac{a}{b}\right)+\left(\dfrac{c}{a}+\dfrac{a}{c}\right)+\left(\dfrac{c}{b}+\dfrac{b}{c}\right)$

두 양수가 서로 역수 관계면 $\dfrac{b}{a}+\dfrac{a}{b}≧2\sqrt{\dfrac{b}{a}\times\dfrac{a}{b}}=2$, $\dfrac{c}{a}+\dfrac{a}{c}≧2$, $\dfrac{c}{b}+\dfrac{b}{c}≧2$이니까

(준식)≧2+2+2=6이 되어 최솟값은 6이다.

산술 평균과 기하 평균

두 수의 평균에는 두 종류가 있습니다. 그럼 두 평균 중 어느 평균이 더 클까요?

다음 두 수를 봅시다.

2, 8

두 수의 산술 평균과 기하 평균을 구해 봅시다.

산술 평균은 두 수의 합을 둘로 나눈 값이므로, 2와 8의 산술평균은 5입니다. 기하 평균은 두 수의 곱에 제곱근을 취한 값입니다. 두 수의 곱은 16이므로 제곱근을 취하면 2와 8의 기하 평균은 4가 됩니다. 즉 두 수의 산술 평균은 기하 평균보다 큽니다.

(산술 평균) > (기하 평균)

두 수가 같을 때는 어떻게 될까요? 다음 두 수를 봅시다.

3, 3

이 두 수의 산술 평균과 기하 평균은 모두 3입니다. 아하! 두 수가 같을 때는 산술 평균과 기하 평균이 같군요. 즉, 두 수가 모두 양수일 때 산술 평균과 기하 평균 사이에는 다음과 같은 관계가 성립합니다.

(산술 평균)≥(기하 평균) (단, 등호는 두 수가 같을 때)

조화 평균

다음 세 수를 봅시다.

$$1, \frac{1}{2}, \frac{1}{3}$$

이 세 수는 아무런 관계가 없어 보입니다. 세 수의 역수를 취해 봅시다. 1, 2, 3 이 됩니다. 여기서 2는 1과 3의 산술 평균입니다. $2 = \frac{1+3}{2}$ 식의 역수를 취하면 $\frac{1}{2} = \frac{2}{1+3}$ 가 됩니다. 우변에서 분자 분모에 똑같이 $\frac{1}{3}$ 을 곱하면 $\frac{1}{2} = \frac{2 \times 1/3}{(1+3) \times 1/3}$ 이 되고, 우변의 분모를 정리하면 $\frac{1}{2} = \frac{2 \times 1 \times 1/3}{1 + 1/3}$ 이 됩니다. 이것은 1, $\frac{1}{2}$, $\frac{1}{3}$ 사이의 관계입니다. 이때 가운데 있는 수 $\frac{1}{2}$ 을 1과 $\frac{1}{3}$ 의 조화 평균이라고 합니다.

● A와 B의 조화 평균은 $\dfrac{2AB}{A+B}$ 이다.

수학과 친해지세요

이 책을 쓰면서 좀 고민이 되었습니다. 과연 누구를 위해 이 책을 쓸 것인지 난감했거든요. 처음에는 대학생과 성인을 대상으로 쓰려고 했습니다. 그러다가 생각을 바꾸었습니다. 수학과 관련된 생활 속의 사건이 초등학생과 중학생에게도 흥미 있을 거라는 생각에서였지요.

초등학생과 중학생은 앞으로 우리나라가 21세기 선진국으로 발전하기 위해 꼭 필요한 과학 꿈나무들입니다. 그리고 과학의 발전에 가장 큰 기여를 하게 될 과목이 바로 수학입니다.

하지만 지금의 수학 교육은 논리보다는 단순히 기계적으로 공식을 외워 문제를 푸는 것이 성행하고 있습니다. 과연 우리나라에서 수학의 노벨상인 필즈메달 수상자가 나올 수 있을까 하는 의문이 들 정도로 심각한 상황에 놓여 있습니다.

저는 부족하지만 생활 속의 수학을 학생 여러분들의 눈높이에 맞추고 싶었습니다. 수학은 먼 곳에 있는 것이 아니라 우리 주변에 있다는 것을 알리고 싶었습니다. 수학 공부는 논리에서 시작됩니다. 올바른 논리는 수학 문제를 정확하게 해결할 수 있도록 도와줄 수 있기 때문입니다.